光明学术文库 ｜ 政治与哲学书系

科学现代性的谱系

李文娟 ｜ 著

光明日报出版社

图书在版编目（CIP）数据

科学现代性的谱系 / 李文娟著．－－北京：光明日报出版社，2022.3

ISBN 978－7－5194－6535－3

Ⅰ.①科… Ⅱ.①李… Ⅲ.①现代科学—研究 Ⅳ.①G3

中国版本图书馆 CIP 数据核字（2022）第 058593 号

科学现代性的谱系
KEXUE XIANDAIXING DE PUXI

著　　者：李文娟

责任编辑：杨　茹　　　　　　　责任校对：阮书平

封面设计：中联华文　　　　　　责任印制：曹　净

出版发行：光明日报出版社

地　　址：北京市西城区永安路 106 号，100050

电　　话：010－63169890（咨询），010－63131930（邮购）

传　　真：010－63131930

网　　址：http://book.gmw.cn

E－mail：gmrbcbs@gmw.cn

法律顾问：北京市兰台律师事务所龚柳方律师

印　　刷：三河市华东印刷有限公司

装　　订：三河市华东印刷有限公司

本书如有破损、缺页、装订错误，请与本社联系调换，电话：010-63131930

开　　本：170mm×240mm

字　　数：175 千字　　　　　　印　　张：15.5

版　　次：2022 年 3 月第 1 版　　印　　次：2022 年 3 月第 1 次印刷

书　　号：ISBN 978－7－5194－6535－3

定　　价：95.00 元

前　言

海德格尔认为"科学乃是现代的根本现象之一"。立足于科学疆域，从历史和现状对科学现代性进行谱系学的考察，是一项新颖而有意义的工作。科学现代性的谱系主要涵盖概念阐释、起源发展、历史建构、图景展现及反思展望五个分支。

科学现代性，即科学在进入现代（modern time）以来所呈现的新的时代精神与特征，侧重于现代科学的形而上学基础、价值功效和方法论原则的哲学反思。它将科学与现代性紧密联系地加以考察，从科学的视角审视现代性，同时从现代性的视角解析现代科学。考察古希腊文化遗产中的终极实在、逻各斯和数理思维等，为科学现代性的起源奠定了深刻的形上基础；中世纪科学的译介与继承、基督教传统以及宗教改革的神学突破，为科学现代性做了文化与社会上的准备。由于科学现代性与现代科学的发展一体两面，因而科学现代性的历史性建构同现代科学的发展遵循一致的历史逻辑：从文艺复兴开始，直到19世纪末20世纪初的成熟与完善，经历了开启、发展与成熟的历史过程，并展现出了发展不平衡的一面。围绕着理性与实证的科学精神，科学现代性的建构由一系列伟大的科学家所完成，其中与培根、伽利略、哈维、笛卡尔、牛顿、爱因斯坦等人的科学劳作密不可分。在科学现代性图景的展开过程中，理性、世俗和进步作为现代性的主导潮流，渐次呈现了科学现代性之图景。其中的每一幅图景都体现着一个双重逻辑的展开：理性化的世界图景带来了祛魅的世界，同时造成了世界的数字化和价值的退隐；科学现代性的世俗化和社会化，一方面为人们追求世俗幸福提供了条件，另一方面导致了技术社会的重重危机；科学现代性的进步图景更是一幅连续和革命互补的图像，充满着复杂性。

科学现代性的展开有着内在的合理性和历史的过程性，同时经历着内忧外患的困境：一方面，其本身发展日益失衡，主要表现为功利主义科学观、科学的异化以及科学同生活世界的分离；另一方面，后现代科学观对科学现代性的冲击加剧，主要表现为对其客观性与确定性的解构。即便如此，科学现代性在现代社会仍然具有生命力，且是一项未竟的事业。因此，我们要促进工具理性和价值理性之间、科学和人文之间的融合，促使科学世界向生活世界的回归。只有这样科学现代性才能在反思与完善中前行。

虽然科学现代性的展开以西方为蓝本，但是对中国的科学现代化事业有着深刻的借鉴意义：只有实现文化基因的改良、摆脱实用观的束缚，并进行科学创新，才能确保中国科学现代化事业的健康发展。

目　录
CONTENTS

绪　论

海德格尔说，科学乃是现代最为根本的现象之一。在人类社会从前现代向现代又从现代向后现代转变的过程中，科学都扮演着极为重要的角色。只有立足当下，了解科学现代性的昨天和今天，才能较好地实现从现代向后现代的转折。因此，对科学现代性的研究谱系进行考察分析就显得尤为关键。

科学作为现代的根本现象，是塑造现代性的根本力量。从现代性的现象上来考察，现代科学塑造了一个与古代社会完全不同的新的社会景象。首先是古代世界的宁静与现代世界的喧嚣。古代世界除了雷声、歌声以及动物的叫声，多是一片寂静；现代世界则充斥着火车、汽车及各种现代化机械的马达声，其噪声来自电台、酒吧、餐馆、机械等各种现代社会出现的新事物。这种差异，体现了基于经验知识的古代技艺与基于科学的现代技术之间的对比。其次是两个世界图景的不同。古代世界是前科学的传统宗教的世界图景，人们相信神灵或者上帝主宰着生前身后的生活；而现代世界的科学揭示了抽象的自然规律，人们质疑上帝与幸福之间的关联，科学的世界图景占据了世人的头脑。科学成为重新创造世界的主要力量，而这个新世界就是现代社会。始于伽利略的现代科学，将观察与实验付诸思考，改变了之前思想家们探索自然界主要靠冥想的方式，开始了用"动手思考"重新创造世界的过程。噪声是现代社会的主要标志，而科学家的发现与发明书写了现代噪声的每一个音符。因此，科学在现代性的生成中扮演着极为重要的角色，世界的再造正是科学现代性的历史功绩。

现代社会的出现，是历史发展的必然。现代人的喜怒哀乐、现代社会不断涌现的观念思潮和种种现象都与现代性问题有着千丝万缕的深层联系，然而我们常身处现代性之中浑然不觉。对于现代性所产生的问题，我们常沿用固有的逻辑和方法加以解决，而没有意识到应当反思其根本。自 20 世纪 80 年代以来，后现代主义思潮对现代性的冲击日益增强，对理性、人类中心主义、世俗性和科学等现代性核心思想展开了批判。尽管后现代针对现代性提出种种批判和质疑，其所引发的争论却没有使现代性问题淡化，反而使得重新理解现代性问题显得更加迫切，更加必要。

一、本书研究视域的界定

每当我们提起"现代性"的时候，不自觉地便会想到启蒙理性，出现在脑海中的便是工业化、机械化、启蒙理性等词汇，从而将现代性问题与社会的现代化、经济的工业化、观念和文化的现代化等方面联系在一起。这种理解本身是无可厚非的，但是仅仅落脚于启蒙理性的维度来理解现代性，还不够深入和精确，因为我们还没有涉及它的另一个更深层的因素——科学。在对现代性的两种理解中，无论是作为文明史的现代性还是作为审美的现代性，自然科学都是不可或缺的一个关键要素，是现代文化精神的一个硬核，在现代性话语中占有极其重要的地位。

科学与现代性有着极为密切的关系。一方面，对现代性的思考不能缺少科学的维度。因为缺少了科学维度的现代性，既不能从根本上把握现代性的本质，也是不完整的。在现代与前现代的斗争中，科学则是最有攻击力的武器；在现代与后现代的斗争中，科学则是现代文化最后和最具代表性的堡垒。如果将文化视为人的存在方式，那么科学就是现代文化精神中的内核，是现代性的重要维度。另一方面，对科学尤其是现代科学的研究离不开现代性的视角。现代性的基本精神被现代科学最大限度呈现出来，是我们深入理解现代自然科学内在逻辑的一把钥匙。现代性在人类社会强势推进，要求人类文化各个领域都以自然科学为模板，将逻辑、数学标榜为人类文化的标准方法，即用科学代替了所有其他文化学科。因而科学在诸多领域都具有决定性的影响，无论是政治体制、经济秩序还是文化精神领域，都呈现出理性化和科技化的趋势，从而成为现代科学主义等极端思想的根源所在。因此，基于科学与现代性之间的密切关系，本书将现代性研究的视域放在科学这一现代性的根本现象之上，对科学现代性进行系统的谱系研究。

二、对科学现代性的研究具有理论意义和现实意义

从理论上看科学现代性，一方面是对新的现代性维度的建构。因为现代性涉及领域众多，它不是一种单纯的现象，而是一幅充满多维矛盾的图景。由于对现代性的每一个维度的研究都会带来一种新的现代性的建构，所以立足于科学维度的现代性建构也是如此。

另一方面，因为它立足于科学疆域，对科学在现代性演进中的作用进行深入考察，并描绘科学现代性研究的历史谱系及现代图景，将会从深层次上对现代性的研究进行丰富和扩展。因此，基于新的现代性理论的建构、科学在现代性中的核心地位的明晰以及现代性研究视域的拓展，我们可以看到，对科学现代性的研究具有极为深入的理论意义。

从现实上看，目前对科学现代性的研究存在两方面的不足。针对"现代性"和"后现代"的文化热潮，中外学界出版了很多介绍性或者评论性的论著，从基本面貌、价值原则、方法论、存在意义及未来走向等各方面进行论述，但是还存在研究的诸多不足。

一是科学视域的匮乏。自现代性产生以来，人们关注的热点多集中在社会维度、美学维度以及文学维度等，但是"不管中外学者怎样以各自的方式对现代性的矛盾张力做出指认，他们在切入路径与核心论点方面的差异却表明，现代性问题的研究还远远没有终结"①。其中对于现代性的反思，在政治、社会、文化等方面虽然已经有一定的基础，尤其是后现代主义更是集中在文学、艺术方面，但从科学视角进行的研究相对匮乏。即便在对现代性的研究中涉及科学，也多为遵循时间脉络进行的科学史式梳理，或对现代科学的起源进行研究。因此，无论是从科学发展的角度，还是从现代性的研究角度，对现代性的科学维度的分析都存在着一定的理论空白。

二是历史资源的匮乏。每个概念的界定和理论的建构都与历史无法分开，都必须有历史资源的支撑。同样，对现代性的科学维度分析也需要丰富的历史资源，因为只有通过历史视角才能充分展示

① 张凤阳. 现代性的谱系 [M]. 南京：南京大学出版社，2004：2.

科学现代性问题。但就目前的研究状况而言，以发生学的视角对科学现代性进行深入研究，在"知其然"的基础上揭示其"所以然"的根由和机理，仍旧存在着相当大的探索空间。科学现代性何以在历史中形成，其历史建构过程为何，又描绘了怎样的世界图景，这些问题缺乏透彻的历史说明。

科学现代性问题的研究，主要有以下几个方面的价值：其一，可以明晰"现代性"和"科学现代性"的概念。由于现代性理论纷繁复杂，对现代性概念的理解也是"名目虽同，体例殊异"，对科学现代性概念更是缺乏明确表达。所以，本书首先力求明晰现代性以及科学现代性的概念。其二，可以解决科学现代性的历史建构问题。科学现代性并非一蹴而就，其建构过程与历史无法分开。因此，本书通过历史分析揭示科学现代性的发展历程，力求展现其形成与发展的历史脉络。其三，可以展示科学现代性所呈现的世界图景。科学现代性的世界图景是一个成就与矛盾并存的复合画面。本书力求在对其矛盾性图景进行刻画的基础上，找到应对科学现代性危机的策略，并对其前景进行展望。

综上所述，对科学现代性的概念分析、历史溯源、历史建构及理论布景的谱系研究，无论是在当下还是在未来不仅具有重要的现实意义，也是一项新颖而又有意义的工作。

第一章

科学现代性的概念

概念的辨析是理论展开的基石，是认识之网的第一个网结。对于科学现代性的研究，无论是基于本身的重要性还是基于后现代的批判，概念的界定都是谱系展开的前提。

第一节　现代性

关于何为现代性，大致有两种观点：一是从编年史的角度，指称自文艺复兴以来，西方社会不同于古希腊罗马和中世纪的历史时代特征；二是从思想史的角度，指称现代社会政治、经济与文化等诸多领域所呈现的价值规范特征。鉴于以上两种不同的研究视角，本书认为现代性既应包含历史事实的陈述，又兼具价值规范的意味。

一、现代性的词源

美国学者卡林内斯库对此谈道："要精确地标明一个概念出现的

时间总是很困难的，而当要考察的概念在其整个历史中都像'现代性'一样富有争议和错综复杂时就更是如此。然而，有一点是清楚的：只有在一种特定时间意识，即线性不可逆的、无法阻止地流逝的历史性时间意识的框架中，现代性这个概念才能被构想出来。"①考察"现代"一词，在西方最早出现大约是公元 5 世纪，由兼作名词和形容词的拉丁文"modernus"一词表达。美国后现代哲学家詹姆逊说："当我们发现这个词实际上早在公元 5 世纪就已经存在时，不免会大吃一惊。"②在此之前，因为人们对历时关系不感兴趣，因而没有"现代—古代"观念的对立，"古典"一词的产生也仅仅是作为"粗俗"的对立面，而不是"新或者最近"的时间义。然而随着历史的发展，"古代越是年迈，就越需要表达'现代'的词。……'现代'这个词，是晚期拉丁语留给现代世界的遗产之一"③，拉丁语中的"modernus"，仅指现在或者现今与目前，是一个表示时间状态的概念，借此表达基督教化的"当下"与古罗马异教时代的"过去"的区别。它仅仅用于区分不同于先前教皇时代的当代，并不含有现在优越于过去的意思。后来在罗马帝国被征服以后，"现代"一词才开始有了相对应的"过去"一词。虽然在教皇眼里，基督教内部并没有因为新帝国的建立而形成分裂，但是在当时的知识分子眼里却产生了一种文化的分界，即先前的经典文化与现代文化之间呈现根本性的不同与分界，而正是这种分界赋予"现代性"的含义使其延

---

① 马泰·卡林内斯库. 现代性的五副面孔［M］. 顾爱彬，李瑞华，译. 北京：商务印书馆，2002：18.
② 詹姆逊. 单一的现代性［M］. 王逢振，王丽亚，译. 天津：天津人民出版社，2004：1.
③ 马泰·卡林内斯库. 现代性的五副面孔［M］. 顾爱彬，李瑞华，译. 北京：商务印书馆，2002：19.

续至今。随着现代（modernus）一词的使用，现代和现代性等术语很快流传开来，用来指称人们在观念、行为及态度等方面与古代相区别的特征。

英语中的现代性至少自 17 世纪开始使用，1627 年的《牛津英语词典》就收选了"modernity"一词。卡林内斯库指出："现代性广义地意味着成为现代（being modern），也就是适应现时及其无可置疑的'新颖性'（newness）。"① 现代性（modernity）是现代（modern）一词通过词尾变化而得到的，按照英语语法的构成，后缀"-ity"具有性质、状态、程度等意义。既然现代（modern）一词意为时间概念，现代性（modernity）就可以指称这一时间内的品质或状态，因此后来现代性用于表示现代社会的总体特征。1872 年霍斯勒·沃波尔在谈论查特顿的诗歌时谈到，任何人只要有耳朵都不能原谅他们语调的现代性，且针对《罗利诗歌》的争论，将"节奏和观点的现代性"作为证明其系伪作的论据。在这里，现代性主要是从音乐和节奏的角度出发来理解，意味着"对审美现代性的某种微妙感觉"。卡林内斯库对此进行了评价，指出："'现代性'似乎既接近个人风格的概念，也接近沃波尔所说的'观念与措辞的晚近倾向'，但我们不应该将它同二者中的任何一个混淆。"② 因此，在卡林内斯库那里，现代性有两种含义：一种是作为历史阶段的现代性；即资产阶级的现代性，另一种是作为美学概念的现代性。前者与进步、理性等资本主义文明相关，具有积极意义的形象；而后者与先

① 马泰·卡林内斯库. 现代性的五副面孔［M］. 顾爱彬，李瑞华，译. 北京：商务印书馆，2002：337.

② 马泰·卡林内斯库. 现代性的五副面孔［M］. 顾爱彬，李瑞华，译. 北京：商务印书馆，2002：49.

锋派等激烈的烦资产阶级的态度相关，具有否定和批判的意味。

　　法国现代性一词较晚地使用于 19 世纪中期，1849 年夏多布里昂在其《墓畔回忆录》里使用该词，并被记录在《罗贝尔词典》中。他写道："海关大楼和护照的庸俗及现代性，同风暴、哥特式的大门、号角的声音和急流的喧闹，形成了对照。"① 其现代性（modernite）指的是现代生活的陈腐与庸俗、平淡与乏味，包含贬义色彩，与永恒崇高的自然及传奇辉煌的中世纪形成对比。法国现代派诗人、美学现代性理论家波德莱尔在《1846 年的沙龙》中谈论德拉克洛瓦的绘画时，认为其与维克多·雨果不具备可比性，前者体现的是创造性、素朴性与冒险性，这是波德莱尔对于现代性的最初含义。他在谈及追求现代性的这类人时说："他们寻找我们可以称为现代性的那种东西，因为再没有更好的词来表达我们现在谈的这种观念了。对他来说，问题在于从流行的东西中提取出它可能包含着的在历史中富有诗意的东西，从过渡中抽出永恒。"② 后来在其《现代生活的画家》一文中，又对"现代性"一词做了更为充分的论述，即认为"现代性"表达的是对转瞬即逝的事物所把握到的感官现时感受，与僵化的传统和无生命的静止相反，"是短暂的、易逝的、偶然的，它是艺术的一半，艺术的另一半是永恒和不变的"③。意味流动性和不确定性构成了现代都市生活的特质，也是现代性的特质。学界认为"波德莱尔将现代性作为一种强烈的、当下的时间意识，使它与代表着永恒与不变的'过去'相区别，进而强调现代艺术应当着眼于对

① 卡里内斯库. 两种现代性 [J]. 南京大学学报，1999（3）：50-52.
② 波德莱尔. 1846 年的沙龙 [M]. 桂林：广西师范大学出版社. 2003：424.
③ 马泰·卡林内斯库. 现代性的五副面孔 [M]. 顾爱彬，李瑞华，译. 北京：商务印书馆，2002：55.

当下的、转瞬即逝的事物的感受，强调对当下的灵感、情感的捕捉，而不是回到古代去寻求纯艺术的、永久可靠的美的观念"①。给予明确的肯定。

综上所述，现代性在早期多指审美上的反叛，卡林内斯库将这种现代性称为与"西方文明史的一个阶段的现代性"相对立的"美学概念上的现代性""自其浪漫派的开端即倾向于激进的反资产阶级态度。它厌恶中产阶级的价值标准，并通过极其多样的手段来表达这种厌恶，从反叛、无政府主义、天启主义直到自我流放。因此，较之它的那些积极抱负，更能表明文化现代性的是它对资产阶级现代性的公开拒斥，以及它强烈的否定热情"②。则美学概念上的现代性导致了先锋派的产生，以其新奇、瞬间的追求反叛一切现有的生活方式和主流文化，因而实质上是一种"反现代性"。

二、现代性的界定

现代性问题引起了广泛关注，国内外学术界从不同学科、领域以及不同视角进行了理解。不同的研究视角产生了不同的现代性。随着现代性理论在各个领域的展开，出现了各种意义上的现代性的界定，如哲学、政治学、社会学、文化及美学的，等等。

国外学者对现代性的界定主要体现在以下五方面：

（一）作为一个哲学概念，现代性是时代精神气质的体现。福柯认为现代性是一种包括思想和感觉方式在内的"态度"，而非一个时

① 陈嘉明. 现代性与后现代性十五讲 ［M］. 北京：北京大学出版社，2006：3.
② 马泰·卡林内斯库. 现代性的五副面孔 ［M］. 顾爱彬，李瑞华，译. 北京：商务印书馆，2002：48.

间概念或者历史时期。他在《何为启蒙》中写道："我说的态度是指对于现代性的一种关系方式：一些人所做的自愿选择，一种思考和减重的方式，一种行动、行为的方式。它既标志着属性，也表现为一种使命，当然，它也有一点像希腊人叫作气质（ethos）的东西。"① 而这种态度或者精神气质，从根本上讲是从启蒙中继承而来的对现时代进行批判的品格，而不是对信条的忠实。因此，福柯的现代性意味着一种思想的形式和行为的方式。哈贝马斯从文化精神方面理解现代性，认为其表达了"一种新的时间意识"。旨在用新的模式和标准来建构新的社会知识和时代。其中"自由"是构成现代性的时代特征，"主体性"是现代性的基本原则，理性则是现代性的安身立命之源。

（二）作为一个社会学概念，现代性总是和现代化过程密不可分，涉及政治、经济、社会和文化四种历史进程之间的复杂关系。吉登斯认为"现代性指大约从17世纪开始在欧洲出现，此后程度不同地在世界范围内产生影响的社会生活或组织模式"②。他将现代性理解为现代社会或者工业文明的缩略语，从制度层面来理解现代性，认为是工业化世界的社会生活和组织模式，包括世界观、经济制度、政治制度等架构，"在其最简单的形式中，现代性是现代社会或工业文明的缩略语。比较详细地描述，它涉及：（1）对世界的一系列态度、关于现实世界向人类干预所造成的转变开放的想法；（2）复杂的经济制度，特别是工业生产和市场经济；（3）一系列政治制度，

---

① 福柯. 福柯集 [M]. 杜小真，编选. 上海：上海远东出版社，1998：534.

② GIDDENS A. The Consequences of Modernity [M]. California：Stanford University Press，1990：1.

包括民族国家和民主。基本上，由于这些特征，现代性同任何社会秩序类型相比，其活力大得多"①。他在其《现代性的后果》中，分析了现代性的四种制度性维护，分别是资本主义、工业主义、监督机器和暴力工具，由此说明现代性与其社会有着内在的结构性逻辑，大致等同于工业化世界与资本主义。

（三）作为一个文学或美学概念，现代性多指向其矛盾或危机的一面，如浪漫主义、现代主义、后现代主义等大多扮演现代的反叛角色，与作为社会范畴的现代性成对立面。考察现代性概念产生之初，从沃波尔、夏多布里昂到波德莱尔，他们都是从文学或美学的观念上使用这一概念，表达对资产阶级现代性的公开拒斥与否定。这种现代性正是卡林内斯库笔下的两种现代性之一，即作为美学概念的现代性，它与作为西方文明史一个阶段的资产阶级的现代性相对立。

（四）作为一个心理学范畴，现代性体现了一种主体性。它在把人变为现代化主体的同时，也将其变成了现代化的对象，既赋予人们改变世界的力量，也改变了人自身。恰如波曼所言："成为现代的就是发现我们自己身处这样的境况中，它允诺我们自己和这个世界去经历冒险、强大、欢乐、成长和变化，同时又可能摧毁我们所拥有、所知道和所是的一切。它把我们卷入这样一个巨大的旋涡之中，那儿有永恒的分裂和革新，抗争和矛盾，含混和痛楚。"②

（五）作为一个历史分期的概念，现代性标志了一种断裂，或一

---

①　吉登斯. 现代性——吉登斯访谈录［M］. 尹宏毅，译. 北京：新华出版社，2001：69.

②　周宪. 现代性研究译丛［M］. 北京：商务印书馆，2007：序言.

个时期的当前性特征。它既是一个量的时间范畴和可以界划的时段，又是一个质的概念，即根据某种变化的特质标识该时段。因此，现代性是一个历史断代语，用来指涉紧随中世纪而来的那个时代。"现代性的观念表达了在现代性作为一个时代（历史时间中的一个时期）和作为一种时间意识（对时间的意识）上的矛盾态度。现代性既可以被视为一种观念———一种文化冲动，一种时间意识；也可以被视为一个历史事件，一种社会状况，历史时间中的一个时代。现代性主要是被理解为一种观念，但它是一种具有明确的时间共鸣的观念。"① 德兰蒂也给予明确的界定。

国内学者对现代性的概念也进行了探讨。较为典型的有三种观点：俞吾金教授认为对现代性的理解主要有四个方面，即一个特定的历史时期、一种独特的社会生活和制度模式、一种特殊的叙事方式以及一个自启蒙以来未完成的方案。陈嘉明教授认为现代性是一种态度，主要是"一种与现实相联系的思想态度和行为方式，因此它与哲学认识论、方法论和道德、宗教、政治哲学密切相关"②。刘小枫教授区分了现代现象的三个不同的术语——现代化、现代主义和现代性，认为现代性为"个体——群体心性结构及其文化制度之质态和形态变化"③。

由以上对于现代性的多种界定可以看出，现代性是一个复杂的概念。刘小枫先生认为："在思想学术域，也有一种'现代现象'，

① 德兰蒂. 现代性与后现代性：知识、权力与自我［M］. 李瑞华，译. 北京：商务印书馆，2012：15.
② 陈嘉明. 现代性与后现代性［M］. 北京：人民出版社，2001：3.
③ 刘小枫. 现代性社会理论绪论——现代性与现代中国［M］. 上海：上海三联书店，1998：3.

即现代幽灵游荡在人文思想和社会理论的言述中，'现代'话语可谓千姿百态。但是，言说'现代'并不必然是一种关于现代现象的知识学建构，它也可能是，而且经常是一种非知识性的个体情绪反应。"① 因而现代性犹如一个幽灵，无法让人轻易捕捉到一个明确的概念界定。然而尽管现代性在当前被广泛运用于各种经济、政治、社会以及文化的转型的描绘，站在科学哲学和文化哲学的角度上来讲，现代性本质上是一种文化存在，是经历了现代科学和现代知识启蒙的自觉的文化模式和文化精神。对此陈嘉明教授从现象学的角度对现代性的发展进行了描述，认为"现代性态度是在启蒙运动过程中形成的。文艺复兴以来科学观念的传播以及人文主义思潮的发展，使科学、自由和追求世间的幸福成了推动启蒙的主要因素。与科学革命和启蒙运动的开展相伴随的，是对宗教的猛烈批判，这使社会表现为一个世俗化的过程，或者用韦伯的话来说，是一个'世界的祛魅'的过程，它改变了人们的思维方式与世界观，形成了人们的理性认识，推动了反宗教蒙昧迷信运动，催生了主体性意识，产生了现代的自由、平等、博爱等价值观念，所有这些为现代资本主义社会的产生提供了思想基础，它们也因此构成了哲学意义上的现代性的基本特征"②。

综合以上论述，我们可以总结出：哲学意义上的现代性兼具历史事实和价值规范意味，是一种与过去相区别的新的时代意识，主要表现为主体理性的觉醒、个人主义的兴起以及进步观念的表达等。

---

① 刘小枫. 现代性社会理论绪论——现代性与现代中国［M］. 上海：上海三联书店，1998：3.

② 陈嘉明. 现代性与后现代性［M］. 北京：人民出版社，2001：3.

西方社会的现代性萌发于文艺复兴运动，在启蒙运动中发展到高峰：其对自由、幸福和进步的追求，改变了人们的世界观与思维范式，成为现代性的根本价值与前进之动力所在；其理性意识和主体意识萌发并成为现代性的核心理念，从而为世界祛除了巫魅，使得现代社会回归俗世，成为真正意义上"属人"的社会。这是现代性的主要特征。

第二节　现代性的维度

现代性具有复杂性、具体性以及丰富的历史性和文化性，渗透在人们的社会活动、价值取向、制度安排等各种社会生活中。我们只有从现代性现象自身出发，回归孕育现代性的历史和文化，透视现代性的具体维度，才能更好地理解现代性的内涵。

一、现代性的多重维度

现代性不是单一维度的现象，而是"多重维度"，意味着将现代性视为一个有机整体，从而对其内在结构进行全方位的考察。现代性的多重维度不同于多元现代性。多元现代性意味着多种现代性的存在，通常是指在西方现代性之外还存在着不同国家和地区的现代性。衣先生指出："这里所说的'现代性的维度'不是所谓的'多种现代性'或'多元现代性'，而是现代性具有本质关联的各个方面，它们形成一个有机整体，并作为文化精神与内在机理无所不在地渗透到现代社会和现代个体生存的所有方面。"①

吉登斯对现代性的多重维度较早进行了研究，他在《现代性访谈录》中指出："在其最简单的形式中，现代性是现代社会或工业文明的缩略语。比较详细地描述，它涉及：（1）对世界的一系列态度、关于现实世界向人类干预所造成的转变开放的想法；（2）复杂的经济制度，特别是工业生产和市场经济；（3）一系列政治制度，包括民族国家和民主。基本上，由于这些特征，现代性同任何社会秩序类型相比，其活力大得多。"② 在这里，吉登斯分析了现代性的四种组织类型，从而提出了现代性的三个维度——制度维度、理念维度和态度维度。其中，经济制度和政治制度构成了工业社会的物质基础，属于现代性的制度维度；对人类干预所造成的世界的转变与开放式的观念，体现了理念化的世界观和价值观，属于现代性的理念维度；对世界的一系列态度体现了人的认同和选择，属于现代性的态度维度。现代性的制度维度凸显了现代性的客观性，理念维度凸显了现代性的必然性，而态度维度则体现的是人的主体态度，是人的主体性和客体性的统一。洪晓楠先生指出："现代性绝不简单地等同于制度、理念、态度之中的任何一个，也不是它们的机械组合，而是这三个维度的有机统一，现代性三重维度的内在关联体现了现代性自身的总体性。"③

在吉登斯划分现代性三个维度的基础上，我们将现代性的理念维度和态度维度整合为精神性维度，与制度性维度相对，这是对现

① 衣俊卿. 现代性的维度及其当代命运 [J]. 中国社会科学，2004（4）：14.

② 洪晓楠. 当代西方社会思潮及其影响 [M]. 北京：人民出版社，2009：175.

③ 赵福生. 现代性的三重维度及其在中国的生成 [J]. 求是学刊，2009（1）：36.

代性维度从最广泛的意义上进行的划分。其中，现代性的精神维度主要指向现代科学所启蒙的理性精神和文化理念，而制度性维度主要指向社会运行和社会组织的模式和机理，具体意义上讲，两种维度又各自包含多重维度。

现代性生成于从传统社会向现代社会转变的过程中，现代社会的生存方式首先表现为一种理性的文化精神。衣先生认为："从文化精神的内涵上看，现代性的精神性维度包含人们通常所熟悉的理性、启蒙、科学、契约、信任、主体性、反思性、个性、自由、自我意识、创造性、否定性、超越性、参与意识、批判精神等；从文化精神的载体来看，现代性的精神维度体现为作为个体的主体意识、公共的文化精神和文化价值、系统化的历史观、自然科学化的世界图景、反思性的理性态度，等等。"① 由此可见，现代性的精神性维度内容极为丰富，几乎包含了我们通常所说的现代性的方方面面。但是现代性不仅需要以精神价值来影响人们的生存活动，而且需要以制度机理来影响社会活动的运行。由于现代性的制度性维度是指"现代性体现为社会各主要层面和主要领域的内在机理和活动图式的内在性维度"②，比较而言，精神性维度则是现代性的核心维度，又因为文化精神只有通过制度安排才能得以发挥，所以精神性维度的发挥客观需要制度性维度来加以保障。

现代性的这两大维度可以进一步细化为各种具体的维度，例如精神性维度中一个很重要的方面在于自然科学化的世界图景，即现代性的科学维度。若说精神性维度是现代性的核心维度，而科学维

---

① 衣俊卿. 现代性的维度 [M]. 哈尔滨：黑龙江大学出版社，2011：110.
② 衣俊卿. 现代性的维度 [M]. 哈尔滨：黑龙江大学出版社，2011：145.

度则是现代性精神维度的一个关键维度。

二、现代性的科学维度

科学维度是现代性精神维度的一个重要方面。衣先生认为："现代性首先表现为一种理性的文化精神，这是完全合乎历史逻辑的，因为，从传统社会的经验结构中'脱域'出来的现代社会的理性存在方式的最根本的特征就在于：以近现代科学技术发展和现代知识增长为背景的理性文化精神获得了前所未有的自觉性和反思性。"①理性化作为现代性的核心内涵，所建构的普遍的、科学的世界图景，正是通过近代实验科学的精神和逻辑来完成的。

现代性的科学维度主要表现在以下两个方面。

（一）科学塑造了现代性的核心理念——理性

现代性作为一种与古典时代相异质的文化模式和文化精神，以理性化作为核心内涵。尽管古希腊的科学和哲学也推崇理性主义，但是作为现代性之内涵的理性主义却是以现代科学为依托的。现代科学以实证精神、试验方法和实用性为标准和特征，从而建构了相对应的科学的世界图景，这与古希腊的沉思型的科学理性呈现出一种断裂性的区别。现代性的科学维度则主要表现在现代科学的普遍性、原则上的不完备性、敢于面对一切的彻底性和科学的态度等。其中，现代科学在对现代性的塑造过程中所起的作用主要表现在理性的普遍性、二元论的思维方式以及因果必然性被应用于一切领域，且突破了古典的沉思型的科学模式，转而通过与技术的结合具有了

---

① 衣俊卿. 现代性的维度 [M]. 哈尔滨：黑龙江大学出版社，2011：109.

实用性特征。因而，"近现代科学在本质上是建立在实验、实证、实用基础之上的、完全排除主体性和个体性的、纯粹客观的和必然的、无所不包普遍适用的理性精神"①。

（二）现代性的世界图景是自然科学化的世界图景

在现代性发展的历史进程中，理性和自然科学的方法被当作了标准性的原则，扩展到人类生活的一切领域。学界认为："现代科学在精神上具有普遍性。在长期中，它无不涉及，无一遗漏。无论自然现象、人类言行，或是人类的创造和命运，凡世上发生的一切都是观察、调查、研究的对象。宗教和各种权威都被加以审视。不仅每一实体，而且所有的思想可能性都成为研究的对象。调查和研究的范围没有任何限制。"② 意味着现代科学在人类社会领域里的扩张导致了机械自然观和机械历史观的形成，从此人类社会的一切问题都依靠计算来解决。因此现代性的世界图景成为自然科学化的世界图景。

综合而言，现代性将理性视为核心内涵，它向其他社会领域的扩张形成了现代性的世界图景。可以说现代性世界图景的形成，正是现代科学发挥威力的结果，现代科学塑造了现代性的样态，因而成为现代性的一个重要维度，也就是我们所称的"科学现代性"。

---

① 衣俊卿. 现代性的维度 [M]. 哈尔滨：黑龙江大学出版社，2011：134.
② 雅斯贝尔斯. 历史的起源与目标 [M]. 魏楚雄，俞新天，译. 北京：华夏出版社，1989：98.

第三节　科学现代性

科学现代性，在现代性领域的存在极为引人注目，可以说是现代性的根本性维度。

一、科学是现代性的根本现象

（一）科学决定其他的现代社会现象

科学通过理性原则和数学精神的发挥来支配着对世界的解释，并最终成为现代社会的支配性的世界解释和唯一的想象机制，决定着现代性的其他想象机制。海德格尔在描绘世界图像的时代时，阐述了他所认为的现代的五个现象：第一是科学是根本现象，第二是作为独立实践的机械技术，第三是成为体验对象的艺术，第四是作为文化的人类活动，第五是弃神——现代化了的基督教，它们共同构成了现代的世界图景。比较这五个现象我们可以看到：虽然海德格尔一再强调这里的机械技术不是对现代自然科学的纯粹应用，而是一种独立的实践变换，但是独立的机械技术的变换仍然需要自然科学，因而仍不足以改变自然科学在机械技术中的决定地位。此外无论是艺术、文化还是宗教，都是作为意识形态的东西，其变化发展决定于物质基础的变化。科学尽管也是一种文化形态，但可以转化为生产力，它通过促进技术的发展来提高物质基础，同时要求作为意识形态的艺术、文化和宗教必须调整自己，以适应生产力水平和现代社会的要求。因此，从该意义上讲，在众多现象之中，科学是决定其中现代社会现象的根本现象。

（二）世界图像化标志着现代的形成，而科学是这一过程的根本力量

世界图像意指"世界本身，即存在者整体。……它们假定了某种以前绝不可能有的东西，亦即一个中世纪的世界图像和一个古代的世界图像。世界图像并非从一个以前的中世纪的世界图像演变为一个现代的世界图像；毋宁说，根本上世界成为图像，这样一回事情标志着现代之本质"①。世界图像从古代、中世纪向现代的转变，是现代社会的本质。现代社会的基本进程表现为世界的图像化，即将附魅的社会进行祛魅的过程，旨在宗教世界图景的崩溃。因此，对人的价值的发现、对上帝和自然的重新认识以及对理性的高扬，成为世界图像化的主要步骤，而贯穿这些步骤的根本力量正是科学。阿格尼丝·赫勒也认为，虽然在现代世界中不止有一种世界解释，但"在现代性中只有一种支配性的想象机制（或世界解释），这就是科学。技术想象和思想把真理对应理论提升为唯一支配的真理观念，并因此把科学提升到支配性世界解释的地位。因此，我们现代的世界图景作为整体是由作为意识形态的科学所造就的"②。

（三）科学与现代性的发展过程同一，互相促进

科学和现代性虽然是各自发展，但由于有同一历史来源作为其深层结构，从而使其在演化中存在类似性。

1. 科学与现代性都导源于古希腊。古希腊是科学的源头，古希

---

① 海德格尔. 海德格尔存在哲学 [M]. 孙周兴，译. 北京：九州出版社，2004：271-273.

② 阿格尼丝·赫勒. 现代性理论 [M]. 李瑞华，译. 北京：商务印书馆，2005：104-110.

腊的神话思维以及对终极实在的探求，使得科学萌芽于荒原中。同样，现代性的生成虽然不是人类与生俱来的现象，但是它同古希腊理性精神之间也有某种本质关联。衣先生认为："不同的研究者无论是强调西方文明是以古希腊理性精神和希伯来精神为主要来源，还是认为西方文明包含着更多的历史源头，古希腊理性精神都是分析西方现代性的历史生成机制和基本内涵所不可或缺的方面。"①

2. 科学与现代性的起源都与宗教有关。科学的萌芽是在原始宗教的神秘气氛中缓慢成长起来的，其产生是从宗教中独立出来并经历自主性的过程，其中现代科学的独特性就表现在它是一种祛魅的理性精神。而现代性的产生则意味着过去宗教世界图景的崩溃，即对启示真理的排除，所以二者在此方面也具有一致性。

3. 现代科学的出现实为现代性起源的一个部分。学界认为从某种意义上说，"结合了古希腊理性精神的天主教神学的解构产生了现代价值系统的所有基本要素，而现代科学只是解构中与现代价值同步形成的观念而已"②。

4. 科学与现代性的发展历程相同。从开启、发展、高潮进而到转折，二者呈现的状态一致。科学繁荣的时代，现代性的发展如火如荼；其革命的时期，现代性的观念随之更新；出现危机时，现代性开始遭遇批判。1543 年《天体运行论》的发表通常被视为现代科学的开端，但它同时带来了与传统性文化相异的新的文化精神，因而也是现代性的开端。18 世纪既是"自然科学的世纪"，又是理性

① 衣俊卿. 现代性的维度［M］. 哈尔滨：黑龙江大学出版社，2011：196.
② 金观涛. 科学与现代性——再论自然哲学和科学的观念［J］. 科学文化评论，2009（5）：59.

至上的时代，体现了科学与现代性发展的同步性。直到 19 世纪之后，空前严密和可靠的自然知识体系形成，科学和技术开始深入人们的日常生活。随着现代科学的发展辉煌与危机并存，理性至上的观念开始受到批判，现代性因此走向了反思的道路。

综上所述，科学和现代性虽然属于两个不同领域且各自独立发展，但二者之间由于具有隐秘的同源同构性，因而遵循相同的历史逻辑。因此，作为现代社会根本现象的科学，同现代性之间存在着相互促进的关系，科学为现代性的发展提供力量保障，能够推动现代性的发展；而现代性作为一种文化存在，为科学的发展提供精神支持的同时，也可以影响科学的发展。

二、科学现代性释义

（一）科学现代性的概念

"科学现代性"一词，在国内外著作中鲜有明确提及。如前所述，现代性作为一种文化精神和文化机理，总体上包含精神维度和制度维度，其精神层面上又涉及众多具体维度，其在科学领域的表现样态即为科学现代性。总结学术界对"科学现代性"的释义，大致有以下几种观点：

（1）将其理解为一种科学观。炎冰教授在其《祛魅与返魅》一书提及"科学现代性"，并将"科学现代性的历史建构及后现代转向"作为该书的副标题。炎冰提出，可以借助对"现代性科学"的定义来理解"科学现代性"，因为二者在内涵上是相通的，都是对 16 到 19 世纪自然科学的总体性特色的描述。在本书的序中，林德宏教授指出炎冰是从科学思想史的角度建构科学现代性的历史渊源的，并将"科学现代性"注释为近代以来的传统科学观。

（2）将科学现代性理解为文化现代性的一个向真的维度。文化现代性与社会现代性共同构成了现代性的双重面相，其中文化现代性在科学、道德和艺术三个方面都各具独立的文化意义，而科学现代性是文化现代性的一部分。邓永芳在其《哲学视域中的文化现代性》一书中，从科学的视角来理解科学文化现代性，认为自然的祛魅是科学现代性的首要命题，数理逻辑和经验理性则是科学现代性的方法论。洪晓楠教授在其《科学文化哲学研究》一书的简介文章《科学现代性的文化哲学话语》中，提到该书是科学现代性的文化哲学话语，认为哲学家可以从不同的视角和维度对现代性进行哲学反思，而从科学维度出发的哲学反思就是科学现代性，其中科学理性、科学逻辑与科学文化是科学现代性的主要内涵。

（3）将科学现代性理解为科学原则在现代社会系统中的意义。特洛尔奇认为现代科学有自然科学、历史学和社会科学三门学科，科学现代性的问题就在三者的发展中得以体现。刘小枫教授总结了特洛尔奇的观点，提出科学现代性问题有三个基本层面，分别是：科学原则的结构要素为理性、技术、逻辑和经验；科学原则修改和扩建了人类社会和个体的知识；科学在现代社会系统中具有意义王权。三者表明了现代科学原则在社会中的意义，是科学现代性的表现。

综合以上观点，所谓科学现代性，是从科学维度出发对现代性进行的反思，它体现了现代科学所呈现的时代精神与历史意识，侧重于对现代科学的形而上学基础、价值功效和方法论原则的哲学反思；它将科学视为现代性的根本现象，并从科学出发，对现代性进行新维度的剖析，既从科学的视角审视现代性，又从现代性的视角解析现代科学，从而将现代科学所呈现的现代性逻辑进行图景式的展现。由于科学现代性以科学为研究对象，意味着对科学的哲学反思和超越，因此本质上属于科学哲学的范畴。

（二）科学现代性与相近概念的比较

1. 科学现代性与现代科学

从文艺复兴开始，在西方语境中，由笛卡尔、牛顿所开创的科学体系被称为现代科学，以 modern science 代称，于后相区别现代科学。中国科学界则通常将这一时期进一步划分为近代科学和现代科学两个阶段。其中近代科学一般指从文艺复兴的伽利略、培根的实验科学到牛顿经典力学的完成这一段时期，而 19 世纪末物理学的三大发现至今的阶段为现代科学时期。国内还有学者提出了"现代性科学"的概念，认为："科学史的分期应凭借科学发展本身的总体特征为原则，自 16 世纪至 19 世纪（部分可延续至今），自然科学的形而上学基础、分析研究的科学方法论及其功效、价值取向等方面已经彰显出的某种总体特色"①，故笔者以"现代性科学"冠名之。因而"现代性科学"仍是中国语境下的产物，是针对中国特有的科学史分期不足而提出的一个概念，其含义可涵盖西方语境中的现代科学。一般来讲，现代科学（modern science）特指与古代和中世纪相异的、以理性精神和实验工具为标志的、以认识自然和改造自然为己任的自然科学。本书对作为科学现代性考察对象的现代科学，以西方为标准，意指中世纪之后、后现代之前的科学发展阶段。

---

① 炎冰."现代性科学"与"后现代科学"之概念勘元［J］.自然辩证法通讯，2006（2）：39.

　　科学现代性与现代科学有本质上的区别。首先，词义上，科学现代性虽然可以理解为科学维度的现代性，其本质仍是一种现代性，是对近代以来的传统科学观的阐释；而现代科学则是对科学时期的命名，是科学时段的指称。其次，考察对象上，科学现代性正是以现代科学为考察和反思的对象，它在科学观的层次上寻找其有别于古代和后现代的特征因，而二者之间的关系是科学与科学观的关系。最后，逻辑先后上，现代科学给人类社会带来物质财富积累的同时带来了许多问题。在反思这些问题的基础上，形成的各种对科学的认识和看法，就是科学现代性的内容。科学现代性布景的展开以现代科学的发展为基础和前提；现代科学侧重科学本身，科学现代性则侧重于对现代科学的形而上学基础、价值功效和方法论原则的哲学反思与特征描画，其结论属于科学观的内容。基于以上原因，我们可以说科学现代性是以现代科学的发展为载体的。

　　2. 科学现代性与科学的现代性

　　科学现代性（the Modernity of Science），不同于科学的现代性（the Scientific Modernity）。按照我们之前对现代性维度的划分，现代性的精神性维度和制度性维度分别为现代性在这两个领域内的表现。然而精神维度又可以细分为个人主体维度、公共文化维度和科学维度等，而科学现代性（the Modernity of Science）反映的正是现代性在科学领域内的表现，归根到底仍是作为文化精神的精神现代性的一个具体维度。科学的现代性（the Scientific Modernity），则是与"不科学的或非科学的现代性"相对的概念，由于真正意义上的科学本身就是一个现代的概念，因而不存在与"科学的古典性"相对的"科学的现代性"，只存在"不科学的或非科学的现代性"。

3. 科学现代性与其他维度的现代性

现代性作为一种文化精神，本质上是一个复杂性的概念，可以与政治、经济、科学、美学以及道德等词汇联结一起，分别表示在各自的领域呈现出的现代性现象。在现代性的生成中，各领域的现代性有不同的内涵：政治领域的现代性追求平等，经济领域的现代性追求效率，科学领域的现代性追求真理，美学领域的现代性追求自我表现和自我满足，而道德领域的现代性追求幸福。由于所处领域和研究视角不同，现代性有着不同的价值诉求，从而形成了政治现代性、经济现代性、科学现代性、美学现代性和道德现代性等；研究视域的不同，则凸显了各种现代性的存在价值，其中科学现代性的存在价值就在于它以自然的祛魅为首要命题，遵循数学的逻辑，且以理性的手段来认识事物和世界。由对各种维度的现代性概念解释可以看出，各种现代性之间的关系可以类比这些维度之间的关系，如在现代性的框架中，科学现代性与审美现代性、道德现代性、经济现代性以及政治现代性之间的关系实为科学与审美、道德、经济以及政治之间的关系。基于科学在社会发展和文明进程中的核心地位和动力作用，我们可以说科学现代性在各种现代性维度中具有根本性地位。

（三）科学现代性的特征

科学作为现代性不可缺少的现象，其现代性的生成既具有现代性的普遍特征，又有其特殊性。其词语构成上，"科学现代性"一词结合了当代社会最为热门的科学和现代性两个词汇，其中"科学"意指 1543 年之后的现代自然科学，而"现代性"则主要指从文化哲学的角度上来定义的文化精神和文化机理。

1. 科学现代性的时间性

科学现代性的时间性，首先表现在其"起始"的研究，其展现过程理应对应一个特定的历史阶段。因为对于科学现代性起始时间的确立，既要考虑现代性的发端，又要考虑现代科学的起源，只有这样，才能对科学现代性做一个合理的时间维度的定位。因此，对于科学现代性的发端研究，更多地要考虑其是否代表了一种时代精神，是否体现了一种发展的生命力。基于以上因素，本书意欲将科学现代性的发端前置于文艺复兴。原因有两点：首先，基于科学史的科学阶段划分。西方科学史将科学发展阶段分为古代科学、中世纪科学以及现代科学，中国学者又将西方意义上的现代科学划分为近代科学与现代科学，由于本书研究依据西方科学，从而采用西方更为广义的现代科学划分，将文艺复兴视为科学由古典科学、中世纪科学进入现代科学的标志。因而我们所言的科学现代性首先要尊重这一科学史的划分。其次，基于现代性理论。文艺复兴时期人文主义精神的高扬、资本主义生产方式的发展、自然科学的突飞猛进以及民主自由思想的萌发等，都表现出一种强烈的异质性特征。因此，将其视为科学现代性的起源，无论从科学史角度还是从现代性角度考虑，都有合理之处。

科学现代性的时间本质还表现为"断裂中的连续"，因为科学现代性意味着面向未来，重新开始，但又强调与古代的连续性。哈贝马斯说："要把必须超越的一切当作起点。由于要打破一个一直延续到当下的传统，因此，现代精神必然就要贬低直接相关的前历史，并与之保持一定距离，以便自己为自己提供规范性的基础。"① 可见科学现代性是科学观念的"更新"，意味着与过去的不同，学者称之为是一种断裂与划界。对于断裂，不能仅从字面上将其理解为彻底的分隔，因为只有与过去相联系才能称之为断裂，因此我们说它更意味着一种连续。由于断裂之处作为新的文化精神的起点，需要以过去为参照，且立足当下，才能面向未来，因而兼顾对历史传统的重新诠释与对当下科学的实践把握，以及对未来时代的精神期许，才是科学现代性的时间本质的合理诠释。

2. 科学现代性的空间性

科学现代性在空间维度上，首先表现为静态意义上的现代科学产生应用的领域以及科学精神发挥作用的空间，其更为重要的意义则是动态上的，即科学现代性有着地域和领域上的传播和扩散，这与现代科学的起源和传播有关。由于现代科学是科学现代性的载体，因而科学现代性的传播体现为现代科学的传播。考察现代科学最初起源于欧洲少数国家，随后通过科学革命扩展至世界范围，因而科学现代性随着科学世界性的形成而具有了全球性特征，且逐渐淡化其地方性特征，呈现出不断累积和扩大的空间。在传播领域上，科学现代性的产生与发展，则不仅在科学认知领域有着重要影响，且日益侵入社会政治、经济、文化领域。现代性所开启的全球化、都市化以及国家化空间，已不同程度地表明了现代性的具体进展过程如何使空间由抽象走向实体，并赋予其不同的内涵。由于科学在提高物质财富的过程中所展示的巨大威力，使得科学理性不断向政治、

---

① 哈贝马斯. 后民族结构［M］. 上海：上海人民出版社，2002：178.

经济和文化领域蔓延。科学现代性的理性原则因而成为衡量一切社会事务的合法性标准，从而改变了现代社会人们的思维方式和生活方式。在此意义上，我们可以说科学现代性具有空间性。

3. 科学现代性的架构性

所谓架构性，即对科学现代性的理解跳出单一形态描绘的藩篱，而将其视为一个具有内在结构的复杂系统来理解。科学现代性的系统架构，则包括对科学技术的建制及对科学精神气质的架构。

建制化的科学技术是科学现代性的载体。考察现代科学诞生以前，科学研究仅仅依靠个人兴趣，从事科学工作的人往往是自主选择课题、自造仪器且自筹经费，因而是一种松散的无建制的科学发展模式。现代科学的发展则是体制化与社会化的发展过程，作为一项具有独特精神气质的社会建制，它从中世纪末、文艺复兴运动以来逐步发展起来；19 世纪之后科学的社会建制相对比较完善，各国科学学会、科学社团的出现以及科学刊物的发行，不仅实现了科学研究场所的社会化，而且实现了科学交流的社会化；科学家作为一种职业，正式登上历史舞台。科学的社会化与体制化，使得科学研究开始具有了共同的目标、方法与语言，并扩展到社会生活的各个领域，科学应用与推广的社会化趋势增强。此外，科学现代性的精神气质是其架构中的无形要素，也是最关键、最本质的要素，具体表现为对自然原因谋求精确解答的科学精神、征服自然为我所用的技术精神以及追求财富和利益的世俗功利性等。上述各种精神的产生，一方面来自现代社会的科学文化实践，另一方面又影响现代社会的世俗生活，引导着现代社会的发展。

4. 科学现代性的生产性

主要表现为其考察的对象具有生产性。从科学活动的本质来看，科学是一项社会活动。它不仅是一项理性事业，而且是一项知识生产的社会实践活动。在现代科学时代，这种对于科学知识的社会生产过程性表现得更加明显。社会建构论者认为，实验室就是知识生产的加工厂，集中体现了现代科学知识生产的整个过程。由于实验室为了科学对象聚集了大量科学仪器、实验设备以及实验资源，其生产出来的是类似于工业商品的科学对象与科学事实，因而无论是从形式还是从过程上看科学知识的生产，都具有与社会经济生产相类似的结构和过程。考察近代科学诞生以来，针对自然过程的终极实在及其构造生发了各种假说：从伽利略到笛卡尔、牛顿的机械自然观的确立，从波义耳、道尔顿、法拉第到麦克斯韦电磁学的统一，表明了科学知识是一种生产过程。其中科学知识作为考察对象，其生产性决定了科学现代性也处于不断的生发过程中。因而，对科学现代性的考察，需要具备动态的目光，从其历史生成过程中去把握。此外，技术作为科学的延伸，其生产性在一定意义上也体现了科学现代性的生产性。其中技术是科学的应用方式，是科学从理论到实践的中介；科学理论则指导了技术发明，技术发明所带来的生产效益也是科学的生产效益。"科学通过技术化延输，不仅重塑了科学本身的文化意义，而且凿开了它与商品生产之间的直接信道，使得人与自然的关系由共存互依转向了攫取征服，从而扮演着世俗化功利竞逐的重要角色。"[1]

---

[1] 炎冰. 祛魅与返魅——科学现代性的历史建构及后现代转向 [M]. 北京：社会科学文献出版社，2009：23.

综上所述，在纷繁复杂的现代性研究中，科学现代性是一个崭新的维度，它将科学与现代性两个现代社会最为引人注目的概念结合一起，致力于对现代科学的形而上学基础、价值功效和方法论原则进行的探究，必将会带来现代性研究的极大丰富和拓展。

（四）科学现代性的谱系

谱系一词，本意指对具有同根同源性的事物或者宗族的变化情况的描述。最为常见的是家谱记载，随着谱系学的出现，作为一个后现代概念的则来自尼采的《道德谱系学》。尼采的谱系不仅是一种哲学观点，而且是一种分析方法，后来为福柯所发展。福柯解释的谱系学是一种为了知晓现在而审视过去的方法，旨在从局部的、不连贯的知识考察中寻求历史的整体面貌，是一种类似于知识考古学的方法。谱系学是一项极需耐性的文献工作，它与知识考古学有着完全一致的基本精神，都是为了"弄清楚知识的可能条件，以及使推论性得以形成的规则，记录建构的踪迹，描述形成的过程，强调修改的可能性和复杂多样的事件所呈现出的无数可能路径"①。

学术界将谱系作为一种方法且贯穿于学术研究的大有人在，但将"谱系"二字冠于书名，讲述一种事物或者现象的谱系的却是不多。比较典型的有《现代性的谱系》，将现代性纵横铺陈，描绘了世俗化、工具理性以及个性化等现代性的典型特征；《后现代主义哲学的谱系》对后现代主义哲学的历史原因和理论继承关系进行分析；《论自由时间哲学的谱系》对西方哲学史上的宗教哲学、生命哲学、过程哲学、现代科学哲学以及后现代哲学进行分析；《文化的谱系》

---

① 衣俊卿. 现代性的维度 [M]. 哈尔滨：黑龙江大学出版社，2011：193.

将体育、艺术、工艺和科学作为文化的四种谱系，探讨其之间的逻辑关系；《后现代主义教育研究：路向与谱系》则对后现代主义的研究路向、各自的代表人物及其观点进行评述，等等。综合各种"谱系"概念的使用，对谱系的释义如下：

谱系是一个有着双重逻辑的概念，它既是一种静态的家谱似的图景展现，又是一种研究和探索方法。它对事物或现象进行纵向溯源、横向铺陈式或者纵横兼顾的刻画。

（1）谱系可以对事物或者现象横向铺陈。如将某一现象的所有表现形式或者表现特征进行描绘，并布列式地展示在读者面前，如同家谱中对同辈分人的记载，是横向并列的关系。上文提到的对各种自由时间哲学的谱系的描绘，就是采用这样一种方式。

（2）谱系可以对事物或者现象的发展纵向溯源。如对某一现象从历史根源着手，探究其概念演化、特征变迁及未来的走向，从而纵向递进式地展示在读者面前，如同家谱中父子关系的记载，不同辈分的人是纵向延伸的关系。上文提到的《后现代主义哲学的谱系》从历史原因和理论继承关系进行的研究就是采用这样的方式。

（3）谱系集现象分析、历史分析和发生学透视于一身。如果将所要研究的事物或者现象喻为一棵树，由于谱系的研究既要触及根基和顶尖，又要顾及枝叶和花朵，因而是一种全面的复杂的研究方法。

本书"谱系"一词的使用，主要基于它的双重意义，既作为科学现代性之图景的静态描绘，又作为本书最主要的研究方法。由于现代性是一个大家族，其中每一个维度的刻画都会带来一种新的现代性的建构，从而使科学现代性建构的结果呈现出了科学现代性的谱系。

　　首先，科学现代性的谱系表现为从概念源流、历史建构、图景展现到反思展望四个环节。因为谱系意味着对一个事物或者现象进行立体性的刻画，因而科学现代性的谱系作为一个现象，也需要接受全方位的系统的考察研究。考察科学现代性理论的形成，从概念源流、历史建构、图景展现到反思展望四个环节，几乎涵盖了其全部内涵，因而即可以称为一种谱系化的展现，这一全面的探索也丰盈了科学现代性这一现象。其次，科学现代性的谱系表现为对其历史建构的纵向溯源。谱系意味着薪火的代代相传，因而科学现代性作为一个与历史时代有关的现象，其形成有着深刻的历史根源和丰富的历史维度。它萌生于古希腊的理性精神遗产，经历了中世纪的孕育，最终在文艺复兴的光辉照耀下诞生。此后直到20世纪初，科学现代性理论经历了从开启、发展到成熟与失衡的历史建构过程。因而科学现代性的谱系需要对这一历史进程进行展示。最后，科学现代性的谱系表现为对其建构图景的描绘。谱系意味着一幅静态的图像，科学现代性理论在建构之后，以不同于古典时期和后现代的样貌展现在历史面前。其中科学现代性的理性化、世俗化和进步化构筑了它的世界图景的主要特征。

　　综上所述，科学现代性的谱系无论是对静态图景的描绘，还是对历史发展的溯源，都体现着强烈的与历史相结合的精神。因为在对科学现代性的认识中，如果我们不能深入具体维度的历史认识中去，就不会形成真正实质性的帮助；而只有真正进入科学现代性的具体历史维度，把握科学现代性的历史生成及总体特征。对科学现代性这种文化现象进行寻根，找到其产生的历史基础，才能阐述其发展的历程及未来的图景，从而对科学现代性进行从根基到躯干方向的纵向的发生学的研究。此外，对科学现代性所展示的世界图景进行描绘，则是对科学现代性发生的横向刻画。所以，本书对科学现代性生成的谱系的研究，力求实现纵横交错的展现样态和研究方法，将科学现代性这一现象立体地展现在读者面前。

第二章

科学现代性的萌芽

科学作为人类历史上最为璀璨的文化形式，是现代结构最重要的构成要素，是理解现代社会及时代的一个不可或缺的维度或平台，作为孕育现代科学的精神沃土，也是科学现代性的生命起源之所在。我们知道，西方传统文化具有二元性特征，因为西方文化携带了古希腊哲学和基督教文化两种文化基因，一为希腊民族创立的理性文化，二为犹太民族创立的信仰文化。两种文化形式的斗争与融合，给予了西方文化以生命力，成为现代性的源流所在。威廉·白瑞德曾说，"希腊人给我们科学和哲学，希伯来人给我们圣经。没有其他的民族产生出理论科学"。[①] 因此，对于科学现代性的起源的考察，需要溯源这两种精神根基的影响。本章以此为论述宗旨，力求对科学现代性的内在生成图景做一次深刻的溯源式解读。总体上讲，现代科学起源于古希腊和希腊化文明的科学传统遗产，并在伊斯兰文明中得以滋养，进而回到西欧文明中开花结果。

---

① 白瑞德. 非理性的人 [M]. 哈尔滨：黑龙江教育出版社，1988：70.

第一节　古希腊的理性精神遗产

怀特海曾说，要找到现代观念的源头，就必须看看希腊的情形；更有学者提出，现代科学的生成过程是希腊智慧的精致化过程。考察古希腊人为西方思想留下了很多思想遗产，现代的种种思想观念，几乎都可以在古希腊找到理论的源头，并给予现代人以家园般的感受。尽管现代性并不是人类历史与生俱来的现象，但是应该没有人会反对现代性同古希腊理性精神之间具有某种本质关联。衣先生认为："不同的研究者无论是强调西方文明是以古希腊理性精神和希伯来精神为主要来源，还是认为西方文明包含着更多的历史源头，古希腊理性精神都是分析西方现代性的历史生成机制和基本内涵所不可或缺的方面。"① 说明科学现代性也深深地受惠于古希腊人。古希腊人手中绽放出的科学与哲学之花，是科学精神的发源地，也是科学现代性的发源地，并为科学现代性的诞生提供了丰厚的土壤。虽然古希腊自然哲学家的科学精神难与现代科学巨匠相媲美，但是他们创造的独具特色的理性自然观，成为科学精神的最基本因素。面对后现代思潮对科学现代性的拷问与批判，回归古希腊，在历史中体认与回味科学现代性的形上基础与价值图谋，仍不失为一种有效的进路。

---

① 衣俊卿. 现代性的维度 [M]. 哈尔滨：黑龙江大学出版社，2011：196.

一、希腊神话之先河

古希腊神话思维是科学探索的最原始形态，马克思指出："希腊神话不只是希腊艺术的宝库，而且是它的土壤。任何神话都是用想象和借助想象以征服自然力，支配自然力，把自然力加以形象化。"① 面对大自然的神秘，神话是人类进行科学探索的最原始形态。黑格尔曾指出希腊神话的原始思维特色，"古人在创造神话的时代，生活在诗的气氛里。他们不用抽象演绎的方式，而用凭想象制造形象的方式；把他们最内在最深刻的内心生活转变成认识的对象"②。因而从科学发生学的视角审视希腊神话的本性，也就是探讨科学现代性的最初来源。

（一）希腊神话关于世界生成与演化的描述，表明了对世界本原及终极实在的最初探索

希腊神话通过对人格化神谱系的追溯，探求世界的起源，确立世界秩序。《神谱》是这样描述创世过程的："最初诞生的是卡俄斯，随即是幅员辽阔的大地女神该娅，还有厄洛斯。卡俄斯中诞生了厄瑞波斯和黑暗的夜神努克斯，而夜神努克斯中又生了埃塞尔和白昼之神赫墨拉。在此之前，大地女神该娅已经生下了与她同样大的星辉熠熠的天神乌拉诺斯。大地女神该娅还生有高峻的群山，它们是欢快的女神们的居所。……"③ 其中提到万物始于混沌卡俄斯，这种寻找万物始基的行为，为今后的科学发展埋下了伏笔。希腊神

① 马克思恩格斯选集：第 2 卷 ［M］. 北京：人民出版社，1972：113.
② 黑格尔. 美学：第二卷 ［M］. 北京：商务印书馆，1979：18.
③ 赫西俄德. 神谱 ［M］. 王绍辉，译. 上海：上海人民出版社，2010：23.

话的创世论以亲属关系的演化来揣测自然的生成与转化，说明了希腊人很早就关注世界的起源问题，从而成为日后希腊科学追逐世界本原和终极实在的思想母体。神话认识模式预设了万物始基，并通过故事情节来说明自然现象发生的原因，这与后来泰勒斯等用自然物来说明自然现象的科学探索有异曲同工之妙。赵林先生认为："从泰勒斯到恩培多克勒的哲学都打上了明显的自然神论的烙印，与感性明朗的奥林匹斯宗教之间存在着显而易见的渊源关系。"① 总之，希腊神话以故事形式向人们讲述神灵界的谱系，以人类世代繁衍的意象来解释宇宙万物之间的关系，以此来说明世界的起源。

（二）希腊"神与人一体""神与自然一体"的模式为认识自然创造了条件

一方面，希腊神话中"神人一体"，即神具有人性化特征，是人的思想情感的复写，因而人们可以大胆地对神的心理进行联想与揣测。另一方面，神又与自然一体，人们可以借助对神的研究来探讨自然奥秘。希腊神话通常是认识自然的一种原始方式，因为对神的研究，要秉承一种虔诚之心，且可以探索方方面面，将这种精神延伸至自然，形成最原始的自然观及科学信仰。炎先生对此指出："神人一体作为希腊人研究自然的一种出发点和科学信仰，它给人一种无穷无尽的力量和永不止步的追逐。因为认识自然就是认识神，对自然的崇拜就是对神的崇拜。所以，科学无禁区，希腊人什么都可以研究，什么都可以怀疑，什么都可以窥探。"②

---

① 赵林. 西方宗教文化 ［M］. 武汉：武汉大学出版社，2005：36.
② 炎冰. 论古希腊的科学传统 ［J］. 云南社会科学，1995（4）：47.

（三）希腊神话对秩序的描绘反映出一定的科学内涵

从内容上看，希腊神话因为对宇宙的形成及人类行为的法规和模式进行了含蓄的说明，新的自然哲学的萌芽才能从这种神秘底蕴中发展起来。学界认为："希腊神话也靠类比于人的经验来设想宇宙的起源和发展，神之间的关系表达出在想象上和拟人的加以设想的自然界的各种要素之间的关系。从某种由原初混沌状态和早期几代神为争夺统治地位的争斗中，浮现出一种秩序，各种事物按照一条其必然性是不可动摇的统一性规律被整理得有了秩序。"① 因此宇宙起源的神话反映了宇宙是在完美秩序的规定下，从原初混沌之中产生出来的。从结果上看，希腊人在对神话的编造、阐释与完善中，是以细致的观察和严格的理智做指导，通过简单化和统一化的表象系统，以求诸神体系的完备化。其中，简单化神话即将其中不合理不连贯的成分予以排除，系统化神话则是基于理性对神话进行"整体合成"，从而在某种意义上初步具备了"科学"的拙朴要素，推动万物有灵论的科学向自然科学进化。

神话背景为事物本性的思辨提供了一个系统的框架，理性的科学精神就孕育其中。吴国盛指出："希腊神话这种完备的诸神体系，实际上是逻辑系统的原始形式。如果把诸神进一步作为自然事物的象征，那么系统的神谱可以看作是自然之逻辑构造的原始象征。这种完备的神谱，弘扬了秩序、规则的概念，是希腊理性精神的来源之一。"②

---

① 瓦托夫斯基. M. W. 科学思想的概念基础——科学哲学导论 [M]. 范岱年，等译. 北京：求实出版社，1989：92.
② 吴国盛. 科学的历程 [M]. 2 版. 北京：北京大学出版社，2002：61.

二、终极实在之探求

古希腊对终极实在的探求，存在着一个基本的理论预设，即认为事物是由某种统一的原理或者质料派生出来的，从起源方面来说事物的多样性就是由物质的质料演化而来。古希腊对终极实在进行探求的科学理性经历了三种不同的发展路线：宇宙论路线、物理学路线和数学路线。

（一）宇宙论路线

作为希腊哲学和自然哲学的先驱，泰勒斯开始科学认识摒弃了希腊神话和原始宗教，尝试从自然物出发对宇宙本原进行拷问。

泰勒斯的水原说是西方思想史上的第一个假说，代表着以自然物质说明自然现象之起源与本质的科学探索的开端。他认为："在那些最初进行哲学思考的人们中，大多数都认为万物的本原是以质料为形式，一切存在着的东西都由它而存在，最初由它生成，在最终消灭时又回归于它。这派哲学创始人泰勒斯说是水，他之所以做出这样的论断，也许是由于看到万物都由潮湿的东西来滋养，就是热自身也由此生成，并以它来维持其生存（事物所由之生成的东西，就是万物的本原）。这样的推断还由此生成，由于一切事物的种子本性上都有水分，而水是那些潮湿东西的本性的本原。"[①] 意谓在自然界中，水是万物维系生命不可或缺的元素，水的可转化性和可塑性，以及水作为事物组成成分的特征，说明只有水才是万物产生或构成的质料。克莱因曾说："爱奥尼亚学派是最早断定自然界实质的人。

---

① 苗力田. 亚里士多德全集：第 7 卷 [M]. 北京：中国人民大学出版社，1993：34.

他们确实从物质的和客观的方面来解释宇宙的结构和设计布局，而抛弃老的神话故事，他们用合理化的解释来代替诗人的想象和不加分析的传说，并且他们用理性来辩护他们的主张。这些人至少敢于凭他们的理智来面对宇宙，而不肯依赖于神、灵、鬼、怪、天使以及其他神秘的力量。"① 意味泰勒斯不仅满足于感觉对象的简单罗列，而是企图寻找统帅万物的内在本质，以此追求万物生灭的变化过程，其研究具有哲学理性和科学理性上的双重意义即他第一个提出"事物的第一原则为何"的问题，又第一个抛弃超自然的解释——神话和宗教来理解世界的本性。

泰勒斯之后，阿那克西曼德认为万物始于一种简单而永恒的始基，但这种始基不是为人的感官或经验所能体会的，因此他转向了"无定"这一概念。阿那克西曼德的"无定"说标志着对终极实在的考察摆脱了单纯对事物或事实的研究，而转向了概念的思考。此外，阿那克西米尼作为阿那克西曼德的同时代人，既接受了泰勒斯的实体本原思想，又接受了阿那克西曼德的变化流动观点，他提出了一个相对阿那克西曼德较为保守的观点——万物的质料本原于"气"，认为空气的流动转化可以观察，且能够借助凝聚和稀疏的过程描绘其转化机制。尽管他并没有理论上的超越，却是科学理性道路上的进步。

米利都学派的哲学和科学传统，既是希腊自然哲学运动的源头，又是西方文明的根源。米利都学派的历史贡献在于：尝试将宇宙起源和生物形成从物理过程上进行整体的自然解释，摆脱超自然力量，用自然力量驱散神话的迷雾；其关于世界本原的大胆假设，说明自

---

① 克莱因. 古今数学思想［M］. 上海：上海科学技术出版社，1979：167.

然现象可以通过经验和理性来加以理解，从而开启了科学理性主义的传统。学者对此评价道，"本原"或者"始基"观念的提出，"以某些特定自然界事物来作为解释自然万象的基础，而这似乎是从原始宗教转向理性思维的关键，也就是希腊哲学和科学的开端"①。

（二）物理学路线

以航海为业的爱奥尼亚人对物理问题有着极大的偏爱，因此基于对物理问题的解释提出了许多假说。其中赫拉克利特提出，宇宙是"一团永恒的活火"，火才是最基本的元素，是万物生于斯而又复归于斯的东西。恩培多克勒在对先前关于自然的学说兼容并包的基础上，提出一切事物之根在于四种元素——火、气、水、土，从而将物质世界归结为数目有限的元素，认为事物是这四种元素的机械混合，元素之间不能相互转化。策勒在评价其这一观点时说道："水、气和火作为伊奥尼亚哲学家所发现的因素；而土则是爱利亚学派所假设的物理学中提到的。恩培多克勒把火置于其他三种元素的对立面，由此回到了赫拉克利特的二元划分，使我们联想到赫拉克利特的学说。不管怎样，把元素的数量设定为四，这在某种程度上是武断的和不成熟的，正如恩培多克勒对每种元素之特征的描述也是肤浅的。"② 巴门尼德站在对此前自然哲学的反动立场上，认为我们所感觉的世界是变幻不定的，而真实世界必然是恒久的，只有"存有"（Being）才是永恒的。阿那克萨戈拉则认为恩培多克勒的"四元素说"不足以说明事物在质上的差异性，只有质素或者种子能

---

① 陈方正. 继承与叛逆：现代科学为何出现于西方［M］. 北京：生活·读书·新知三联书店，2009：84.
② 文德尔班. 古代哲学史［M］. 詹文杰，译. 上海：上海三联书店，2009：68.

够解释，因为有多少不同质的事物，就有多少不同的质素或种子；无数元素或者种子的排列与组合构成了多样化的宇宙万物。这种多元论的学说为解释宇宙万象找到了一种可能性，同时为德谟克利特的原子论奠定了基础。为了弥合巴门尼德和恩培多克勒的学说，自然哲学从单一元素的假说走向了原子论，以留基波和德谟克利特为代表。留基波用简单的要素来解释物质特性，提出了原子的基本观念；德谟克利特则进一步提出了永恒的原子，认为世间万物都是由无限小的不可见的粒子所构成，甚至包括人和神祇，这种粒子就是原子。而原子是永恒的，其分开或凝聚造成物质的变化。从科学意义上来讲，德谟克利特的原子说，最接近于现代科学的物质构成图像，罗素评价谟克利特说："原子论者的理论要比古代曾提出过的任何其他理论都更近于近代科学的理论。"①

（三）数学路线

数学路线的主要代表是毕达哥拉斯学派。毕达哥拉斯从音乐研究中看到音调高低与弦长的关系，并认识到音乐和谐与数学比例之间的关系，从而得出数是万物的本质而不仅是形式的结论，并以数来说明宇宙万物之间的关系和秩序。毕达哥拉斯派的数之本原说，在一定程度上借鉴了阿那克西米尼的思想。学界认为："物质本身是毕达哥拉斯派猜想的，而且，他们看来是用和阿那克西曼德和阿那克西米尼差不多相同的方式想象它，阿那克西米尼似乎是从一种无限气息的理论得到暗示，即空气无止境地扩散到宇宙之外，世界从

---

① 罗素. 西方哲学史［M］. 何兆武，等译. 北京：商务印书馆，1963：99.

它吸取自己的气息。"① 在毕达哥拉斯派看来，以数为本原在本质上不同于泰勒斯的水、阿那克西曼德的无定以及阿那克西米尼的气，因为它与物质既区别又密切联系，既限制物质又给予物质以形式。毕达哥拉斯"万物皆数"的观念成为希腊精确科学的种子，同时奠定了数学在古希腊哲学中的重要地位。

综上所述，本原意味着表象背后的本质、变者之后的不变与复杂之后的简单，万物始于斯而又复归于斯，从而形成科学现代性建构过程中的思维定式，体现科学现代性话语的重要表征。

以上三种对自然界的"同一本质"的探求路线体现了科学概念思维的发展。希腊人乐于对世间万物进行整体性的观察与概括，从而把握事物间的必然联系，进而找出背后的客观规律，然而从逻辑上看，这些学说之间并非并列的可供选择的关系，其中每一种后发的学说都是在批判前一种解释的不足或矛盾的基础上展开。这种推测和批判的过程，与非批判的常识和神话有着本质上的不同。通过对这一研究历史的回顾，我们可以总结出古希腊追求终极实在的科学探索对后世科学的意义，表现在：

1. 古希腊自然哲学家对世界终极实在的思索与探求，不仅摆脱了开始时的神话色彩，而且将科学探索的视域转向了自然本身。这种采用抽象思维，而非形象思维的模式，以及从自然本身出发研究自然深层次原因和本质的行为，恰恰是科学的精神诉求与具体表征。

2. 无论将世界最终归结为水，还是气、火，都是对自然界的普遍性进行的思考。从泰勒斯开始，他们对于世界本原的探索不仅是

---

① 爱德华·策勒尔. 古希腊哲学史纲［M］. 翁绍军，译. 上海：上海人民出版社，2007：44.

对自然界现象的简单罗列，而且是追溯隐蔽其后的内在本质力量，从而使自然认识摆脱直观，进入运用抽象概念以获得普遍性的科学阶段。其中，对普遍性的思考，意味着寻求现象背后的本质，变化之中的不便，以及复杂现象身后的简单性。作为现代科学的努力目标，后现代哲学家多将"同一性"作为现代科学的重要表征进行批判。

3. 对终极实在的追求，并非轻易就能得出结论，而是需要从具体现象出发，经过归纳总结等，最终得以实现。例如，泰勒斯首先观察水的具体形象，进而归纳梳理概括感性材料，进而上升到理论。这种从观察开始认识自然的方法论思想，使得自然认识不再凭借无缘由的想象和臆测，而是依赖基于观察的逻辑思维。因此可以说，从泰勒斯开始的观察、归纳等科学方法的采用，为现代科学奠定了方法论基础。

三、理性思维之初发

希腊人对理性有着超乎寻常的热爱，他们善于从众多力量中发现理性并确立其地位。其中透过事物现象寻找其数量规定性，进而谋求精确、渴求真理的科学传统是古希腊最为重要的科学遗产，而对数学、理性以及逻辑的重视则是科学现代性生成的一份重要的思想来源。

（一）数理思维

数学传统是欧洲 17 世纪科学革命发生的主要原因之一，因为该传统确信宇宙是按照数学秩序原理建构的。因而，窥探万物背后的某种恒常的数学规律，就成为自古希腊以来的科学认知传统。毕达哥拉斯学派将数视为世界的本原，开了以思维中的概念实体作为万物始基的先河。泰勒斯的水虽然已经是抽象意义上的概念，但相比之下，毕达哥拉斯学派的抽象程度更进一步。

毕达哥拉斯学派关于数的规定，对其后科学具有深远影响，决定了现代科学建构的基本方向。考察"数"具有三种特质：首先，具有本原性。毕达哥拉斯认为，数是万物之本原，从而将米利都学派的感性实体本原转换为抽象的思维实体。这一转化的进步性在于：它以数的灵活性和抽象性特征表达了米利都学派的实体本原所无法说明的一些问题，如公正、理智等问题；以量的精确性把握了万物生灭的规则，弥补了米利都学派侧重事物本原之"质性"的不足；从象征意义和科学抽象上来讲，数更为高明，因为它将事物外在的数与内在的量结合到一起，表明了事物的基本属性与其相互关系。其次，具有中介性。数作为本原其自身并不参与事物的变化过程，它反映的是一种关系实在，而非实在本身。因此数作为感官事物与超感官事物之间联系的桥梁，它以符号化方式洞察事物之本质，追求定性与定量的结合，是科学现代性的一大特征。数学通常被用来从万物现象中把握自然的规律，从而履行了科学的认识功能。最后，数具有和谐性。无论是毕达哥拉斯定理对直角三角形三边关系的反映，还是奇偶数的区分、黄金分割等，甚至天体的距离与排列，无疑都反映了数的和谐美，体现了万物皆数以及数之间的和谐关系即万物之间关系的道理，从而构成了世界的秩序。

柏拉图受毕达哥拉斯学派关于数的神秘性的影响，极为重视数学精神。但毕达哥拉斯那里数与具体事物相联系，事物即数，而柏拉图却认为数可以独立存在，是一种理念；理念高于具体事物，可以更加理想地反映事物的本质，是认识事物和获得知识的唯一途径。理念世界是由数形成的，而对理念世界的洞察就是科学知识的获得过程，所以"科学认识就在于用数学概念的体系去把握自然"①。柏拉图的数学方法论与他的学术影响主要体现在《对话录》和"学园"上，二者共同体现对数学的重视。其《对话录》多处提及毕达哥拉斯的学说，而学园更是以数学研讨为根本，且刻有"不习几何学者不得入内"的警句；柏拉图的学园引领了希腊数学的发展方向，在大约半个世纪的时间内，希腊数学主要沿着理论提出与严格证明的方向发展。柏拉图的弟子中以尤多索斯的成就最为突出，他提出了比值理论、极限和归谬法，并发展了代数几何学。由于尤多索斯对空间形体量化关系的专注以及对严格证明的追求，其成就从此标志希腊科学基本精神的确立。他的代数几何学的精神反映于集雅典时代数学大成的《几何原本》，它不但成为希腊科学在托勒密王朝发扬光大的坚实基础，而且其影响一直延续到伊斯兰科学、文艺复兴科学乃至牛顿的《自然哲学之数学原理》。

数理思维对现代科学产生了深远影响，学界认为："一个知识领域只有发展到了揭示和把握了对象的量的规定和量的联系时，也就是当用上了数学工具时，它才真正成为一门科学。所以说，毕达哥拉斯的方法论思想对于科学的兴起和发展具有极其重大的意义。"②到了开普勒和伽利略时代，寻找这种"不变的数学秩序"不仅成为科学劳作的信念支撑，而且是现代科学精神的象征。其中牛顿的伟大不仅在于其物理学贡献，也在于其数学贡献，其所发明的微积分

---

① 周昌忠. 西方科学方法论史［M］. 上海：上海人民出版社，1986：13.
② 周昌忠. 西方科学方法论史［M］. 上海：上海人民出版社，1986：9.

在当时是最便捷精致的工具理性。考察借助科学实验精确地测量事物之间的数量关系，以寻找背后的必然规律，是发展当今科学仍在使用的古希腊方法。对此瓦托夫斯基指出，希腊科学与当代科学的连续性，就在于我们的科学像希腊科学一样，也具有关于物质世界的基本的数学结构的深刻意义。

（二）辩证法和怀疑精神

赫拉克利特重视事物运动变化的关系，开了古希腊自然辩证法之先河。赫拉克利特认为人不可能两次踏进同一条河流，强调事物运动的必然性；世界是一种由对立面结合而成的统一体，其掌管者就是理性。因此，赫拉克利特的辩证法思想是其永恒流变思想与宇宙统一思想的结合：万物处于运动变化之中，且相反事物之间的结合促进了事物的运动。罗素认为赫拉克利特的辩证法思想包含了黑格尔哲学的萌芽，因为黑格尔哲学正是通过对立面的综合而进行的。

芝诺被亚里士多德视为辩证法的创始人，他采用证明的形式，通过归谬法来否认存在的复杂性和变易性，从而将爱利亚学派的纯思维变成概念自身的运动。罗素也指出芝诺辩证思维的重要性，"芝诺的辩证法主要是对毕达哥拉斯观点的一次破坏性攻击，同时也为苏格拉底的辩证法，尤其是为我们以后将遇到的假说方法奠定了基础。而且，他首次针对某个具体的问题，系统地运用了严密的论证"①。针对赫拉克利特和芝诺在辩证法上的不同，文德尔班认为后者处于存在论层面，前者则为发生论层面，"芝诺的论证纯粹是存在论层面上的。它只承认唯一的、非被造的、不变的'存在'，并且否

---

① 罗素. 西方的智慧［M］. 崔权醴，译. 北京：文化艺术出版社，2005：42.

认复杂性和'生成'的真实性，但没有对它们的表象做出解释。赫拉克利特的论证完全是发生论层面上的。它抓住发生过程本身和它的永恒模式，却又没有能够把这种过程与一个终极和连续的现实存在联系起来。所以，从这两种学说的对立来看，希腊哲学清楚地了解到它的任务，这就是以尚未明确的方式为最初的'本原'概念做出奠基"①。

爱利亚学派的论辩艺术充满了怀疑批判精神，其中普罗泰戈拉认为只有感知能力是认识的唯一源泉，且只对感知者有效，其所谓"人是万物的尺度"，意味着人自身既是"是者"之是的尺度，又是"不是者"之不是的尺度。因此，在普罗泰戈拉那里任何知识都不是普遍有效的。由于智者之前的哲学家都朴素地断言人类思维能够把握真理，而智者们却否定获得确定的普遍的知识的可能性，从而导致了科学的降格。但从另一方面看，智者们的怀疑批判精神却激发了人们辨明存在的合理性，以及被智者所否认的知识的可能性。

（三）普遍知识的获得

苏格拉底与柏拉图的思想，在与智者派的斗争中发展起来。针对智者们认为不可能获得知识的观点，苏格拉底认为不仅存在普遍性知识，而且能在共同思想中寻到，因为概念对一切都有效，且早已存在，人们只要从个人经验和意见的桎梏中将其发现出来即可，因此对概念的探索就是知识的本质。考察概念的形成，要靠事实的收集，从而找出它们之间的相似关系，因此这个过程是一个用归纳法来规定普遍性的过程。文德尔班认为，这种在事实的比较中寻求

---

① 文德尔班. 古代哲学史 [M]. 詹文杰，译. 上海：上海三联书店，2009：65.

一般性的概念的做法，即为科学的行为。

柏拉图在知识的认识上具有相同的观点，也确信存在着普遍真理，且可以为人的理性所把握，认为要获得真正的知识，首先要区分知识和意见，并在此基础上区分理智世界和感觉世界；那些不变的普遍性的能够为理智和理性所认知的就是真理，反之则是意见。文德尔班认为："由于这种与严格区分两个世界相对应的思想，柏拉图的认识论就成了比德谟克利特的认识论更理性主义的学说，而且毫无疑义也超过了苏格拉底的认识论，因为苏格拉底用归纳法从个别的意见和知觉中得出一般结论，而且认为一般结论就是这些意见和知觉的共同内容，而柏拉图并不以这种分析态度来考虑归纳的过程，他在知觉中只看见一些暗示和启发，凭借这些暗示和启发灵魂回忆起概念，回忆起理念的知识。"①

亚里士多德的形而上学，被罗素评价为是"被常识感所冲淡的柏拉图哲学"。他继承了柏拉图的真善美一体的观念，又发展了自己的逻辑理性方式；其自然哲学，一方面提供了对自然世界的解释，另一方面将这种解释上升为永恒的知识；其科学理性的展开以此作为目标。在知识的获得上，亚里士多德以四因说来把握事物的本质，进而获得知识；在宇宙论上，亚里士多德认为天体由神明的意志所推动，意志是宇宙万物运动的根源，而这位神明如古希腊人一样爱好秩序和几何一样具有简洁性；在物理学上，亚里士多德将其理解为对自然概念进行沉思的学科，而不是实验的，且反对德谟克利特的机械原子论观点，反对从原子位置的变化来解释事物的变化运动；在博物学上，亚里士多德热衷于自然研究。丹皮尔评价亚里士多德

---

① 文德尔班. 哲学史教程［M］. 罗达仁，译. 北京：商务印书馆，1987：162.

说："在精确知识方面，亚里士多德所取得的最大进步或许应该首推他在生物学方面的贡献。在现代意义的物理学方面和天文学方面，亚里士多德不像在生物学方面那样成果。亚里士多德之所以在生物学方面成功，是因为生物学直到近年来为止，一直主要是一门观察科学。"①

（四）希腊时期的科学方法论

1. 模型化思维

理性的发挥何以实现？柏拉图模型化思维提供给现代科学一种极为重要的认知途径，因为柏拉图的几何原子论以元素的不同比例混合，来解释物质世界的多样性，并以元素之间的相互转化来说明万物的变化，是从认识论意义上试图凭借模型化思维探寻宇宙结构的最初尝试。柏拉图在几何原子论之后，又将模型化思维用于解释天体运行，后来为欧多克索斯所发展，并用几何图形和数学原理来解释天体运行的真实规律。概括模型化思维有直观性、精确性和理想性三大特征，其直观性表现在将复杂的自然现象以图形数字等形式直观表达出来，因而便于理解和把握；其精确性表现在可以排除实际条件限制所带来的误差；其理想性则表现在可以突破认识条件的限制，对研究对象的高度抽象性给予极限化思考。因此，这种思维化复杂为简单，化混沌模糊为理性清晰，是现代科学精神之所在，从而为主张祛魅的现代科学大厦奠定了基石。

2. 逻辑思维

逻辑思维是现代科学传统的两大基石之一。爱因斯坦说过，"西

---

① 丹皮尔. 科学史及其与哲学和宗教的关系［M］. 李珩，等译. 桂林：广西师范大学出版社，2001：32.

方科学的发展是以两个伟大的成就为基础的，那就是：希腊哲学家发明形式逻辑体系，以及发现通过系统的实验可能找出因果关系"①。众所周知，泰勒斯开始就已经有归纳、演绎等逻辑方法的使用；柏拉图认为逻辑思维可以实现从个别、具体到一般、抽象的上升；亚里士多德则认为逻辑既是一门独立的科学，又是一门科学的方法论。综合而论，逻辑问题追求知识的普遍性、确定性、可靠性与严密性，并付诸科学的具体实践，其与科学现代性的关系，表现在归纳与演绎这两种基本的逻辑方法和现代性科学的联系上。

（1）归纳方法的科学意义。亚里士多德认为科学研究是通过一定的方法知晓事物的原因，因此对事物的认识，如果只通过观察或者实验等方法，则只能得到关于事物的感性材料或经验事实，即偶然的知识；若要获取事物的原因则必须借助于归纳推理，因为"归纳推理是根据每个具体事物的明显性质证明普遍，也是我们通过感官知觉获得普遍概念的方法，它对我们来说更清晰，也更有说服力，而人通过感官知觉获得的科学知识往往会因时、因地、因人的不同而显现出异质性，即使感官是关于有性质的对象而不是关于某个东西的"②。因此，归纳方法从实际观察出发，逐渐加以积累，而后从大量类似的现象中总结提炼科学结论，从而体现了科学知识的普遍性特征。

（2）演绎方法的科学意义。演绎即从原理出发，借助逻辑规则，推导出新的结论。柏拉图说："学几何、数学及同类科学的人，在他们各自的学科中都先假定了奇数、偶数、各种形状，三类角及诸如

---

① 爱因斯坦文集：第 1 卷［M］. 北京：商务印书馆，1976：574.

② 炎冰. 祛魅与返魅［M］. 北京：社会科学文献出版社，2009：110.

此类的东西：把它们当作绝对的假设，认这些为已知，然后他们从这些东西开始，通过一系列的逻辑推论，最终达到他们开始时所寻求的答案。"① 亚里士多德的三段论则赋予演绎以具体的形式，对现代科学的发展具有重要影响。从语言学上讲，演绎对于前提的真实准确的要求和对于概念、命题等的划分，体现了对科学语言的规范化要求，从而为科学现代性的建构开辟了道路；从方法论上讲，它将科学中的任何结论都置于严格的推理规则之中，成为一种有效的思维工具；从认识论意义上讲，它将"一般"作为思考的原点，力求其精准，因为只有"前提的真"才能保证"结论的真"。

3. 少量科学实验

科学实验作为获取信息、检验科学或假说的主要手段，被大多数人认为始于科学革命时期，而并非始于古希腊。但是作为现代科学研究最重要的工具之一，科学实验在古希腊时期已有所萌芽，且出现了少量人工设计实验，虽然这些实验并不是彼时科学探索的主要手段，还仅处于科学实验的萌动时期，且带有偶然性和辅助性。

科学实验可以纯化和简化自然现象，强化和再现自然联系，延缓或加速自然过程，因而成为现代科学研究中最为重要的工具理性。考察古希腊萌芽状态的科学实验，对实现自然的祛魅有着积极意义。如恩培多克勒主张在观察的基础上，用自然因素或者某种理性抽象原则去解释自然现象，在实验观察的基础上创建科学理论，在科学实践中丰富科学认识。希波克拉底进行大量的临床观察和解剖实验，以考察疾病发生的具体原因；将医学从巫术中解放出来，使得附魅的自然袒露其本质，因而成为现代科学方法论和价值观的思想源头。

---

① 苗力田. 古希腊哲学 [M]. 北京：中国人民大学出版社，1989：312.

考察古希腊时期，科学实验主要集中在医学和生物学领域，其他领域极少，因而我们仍只能将古希腊的科学实验方法视为一种萌动，而不能作为真正意义上的科学实验，即便是星光微弱，除非我们能正确认识到这一萌芽的历史性意义。

综上所述，古希腊自然哲学蕴含的理性精神具有极为深远的历史意义，一方面产生了萌芽状态的自然科学，另一方面该时期确立的数学、逻辑与辩证等科学方法论，为现代科学的产生和发展奠定了方法论基础。

第二节　希腊化时期的理性精神

公元前 323 年亚历山大大帝的去世，标志着古希腊时代的结束，自此直到 300 年后的罗马帝国建立，为历史上的希腊化时期。这一时期的学术活动与应用实践相结合，科学理性精神进一步成长。

一、怀疑精神

希腊化时期的怀疑精神既有对既定理论和知识的怀疑，也有对现实生活的批判态度，其中的怀疑主义学派、犬儒学派、伊壁鸠鲁学派和斯多葛四个哲学学派的观点，均体现了怀疑批判的科学理性精神。

怀疑论派是希腊化时期的第一大哲学学派，奉皮浪为鼻祖。皮浪对确定知识和确定性事物持怀疑态度，认为无论是感官还是判断，都不能说明真理。黑格尔对此评论说："皮浪的怀疑论既反对感性事物的直接真理性，也反对伦理生活的直接真理性，但不是反对作为思想内容的直接真理性，像以后进一步发展出来的那样。"① 皮浪的弟子蒂蒙认为古希腊的确切知识皆来自演绎逻辑，而非自明的普遍原则；因为找不到获得这种普遍原则的可能性，所以现有的所谓确切知识是虚妄的。与蒂蒙同时代的阿塞西劳斯反对斯多葛学派关于"真理是思维表示同意的一个观念"的看法，认为智慧的人应当对既有理论持怀疑态度。埃奈西德谟认为事物由于自身及其周围环境的影响而处于不断地运动变化之中，因而人不可能获得对事物本身的确切知识。希腊化时代怀疑论派对确切知识的怀疑态度，体现了一种批判精神，其辩证法具有一定的方法论意义。莱昂·罗斑曾对此进行了精辟的评价："面对各学派的那种学说上的不容忍以及偏见的专横，它那种批判的态度表示出一种勇敢的企图，要使科学成为自助的，要求科学只专心致志于为了有用的实践的目的而严格地决定它的专门的方法程序。在这方面，如有人所正确地说过的，它是实证精神的先驱。"②

犬儒学派以安提斯泰尼为代表。他指出事物的本质是个别的实在，与代表它的概念相一致，认为："当我们只限于指出一个本质的名称时，就既没有矛盾也没有错误的可能。这种对对象系统和认知系统中关系的彻底否定，直接引导到对知识的全然漠视。"③ 安提斯泰尼的继承人第欧根尼则拒绝接受习俗的安排，宣扬友爱和德行，尤其是欲望之外的道德自由。黑格尔对此评价说："犬儒学派认为有

---

①　黑格尔. 哲学史讲演录［M］. 贺麟，等译. 北京：商务印书馆，1959：112.

②　莱昂·罗斑. 希腊思想和科学精神的起源［M］. 陈修斋，译. 桂林：广西师范大学出版社，2003：332.

③　韩彩英. 西方科学精神的文化历史源流［M］. 北京：科学出版社，2012：37.

最高价值的，乃是需求的简单化；因此只需遵从自然，看来好像是非常可取的。"①

伊壁鸠鲁学派是希腊化时期的一个重要学派。主张观念只是感觉重复所引起的微弱现象，主体的一切状态，都是从一个实际对象出发的自然机械运动的一部分，这种"最初的确定性"是实在的唯一试金石。伊壁鸠鲁与德谟克利特在宇宙论上有相同之处，皆认为世界由原子和虚空组成，但其观点又是对德谟克利特的批判和发展，因为伊壁鸠鲁肯定原子有质量，其数目有限且自发地做着偏斜运动。由于伊壁鸠鲁不关心对自然现象解释的真理性，认为知识如果不能使人们幸福，则无价值，从而将科学限制在只对现象做机械解释的层面，不利于科学的发展。

希腊化时期另一个重要的学派是斯多葛派，由麦加拉学派发展而来。其哲学技艺的对象主要是研究言辞的逻辑学、人生的伦理学以及世界的物理学。斯多葛学派是一种理性的宇宙观，认为代表天道的宙斯就是理性，主张形体是唯一的实在，一切事物都能从形体的角度得到解释。该派在宇宙论来源上坚持赫拉克利特的观点，坚持目的论，认为世界只有一个且世界可以再生；在物质实在上，认为物质可以无穷分割，事物以混合方式构成，相互之间普遍联系。由此可见，斯多葛学派的哲学不失为一种"科学的"哲学。

总括希腊化时期主要哲学流派的观点，这一时期人们对传统的知识表示怀疑，富有革新精神，善于批评，因而从某种意义上体现了理性思想的特点。

———————————

① 黑格尔. 哲学史讲演录 [M]. 贺麟，等译. 北京：商务印书馆，1960：147.

二、数学理性

希腊化时期科学理性精神的另一个重要表现为数学理性的发展，一方面趋向于理论性，一方面趋向于实用性。其主要的数学家有三位，分别是欧几里得、阿基米德和阿波罗尼乌斯。

希腊化时期数学理论的发展主要表现在几何学领域，并随着欧几里得和阿波罗尼乌斯的贡献达到了顶峰。欧几里得在其《几何原本》中展示出一套公理，其中每个个体命题能够通过直接推理而演绎出来。这种阶梯式方法的证明成为此后几个世纪数学和科学证明的标准。《几何原本》的伟大之处不在于其内容创意，而在于将已知的东西重新安排和重新结合为严格的逻辑上的严密说明。它力求将各种基本观念、原理、推论和观测结果等通过数学和逻辑结合一起，形成一个整体的系统，从而与现代科学的整体理想一致。所以某种意义上讲《几何原本》是一本具有现代科学性质的著作。阿基米德是继欧几里得之后最伟大的数学家，他将《几何原本》的精神和方法发挥到极致，同时致力于度量几何学和静力学等诸多方面。他对理论数学和应用数学都做出了极大的贡献，在理论数学方面，表现为其对面积、体积等问题的计算等度量问题上；在应用数学方面，表现为其静力学成果及大量的机械发明上。阿波罗尼乌斯则将毕生精力集中在圆锥曲线研究上，他在总结前人关于圆锥知识的基础上，进一步深化了该学科，创立了抛物线、椭圆与双曲线等名称。之后虽然也出现一些数学家，但是均未有对新领域的开拓，仅是修补和丰富前代大师们的发展框架而已。

此后，希腊化时期学术的繁荣地，由亚历山大里亚转向了罗马和帕加马。与此转移相同步的是，纯粹的数学理论研究似乎变得不再时尚而理论数学与应用数学的结合，或者理论数学与发明实践的结合，成为希腊化时期数学领域的又一种风尚。天文学家和数学家西帕克斯（Hipparchus）认识到此前通过球的组合解释天文现象存在极大缺陷，因为既不能准确描述和预测行星的位置变化，又不能解释行星亮度的变化，于是发明了三角函数和球面三角以及本轮——均轮体系，解决了这两个疑难问题。学界认为："西帕克斯创立的球面三角术这门数学工具，使古希腊天文学由定性的几何模型转换成定量的数学描述；而本轮——均轮双球模型使天文观测数据在很大程度上得到系统化的理论解释，或者说实现了观测数据和宇宙模型的有效对接。"[①] 西帕克斯的发明被用来处理大量的实际问题，如测量山脉高度、天体半径等，并极大地促进了地图绘制的发展，为此后航海时代的来临奠定了知识基础。克莱因评价其贡献说："三角学是受到实用和智力兴趣双重推动而产生的数学分支的光辉典范。它一方面受到测绘、地图绘制和航海的推动，另一方面受到探索宇宙之好奇心的驱使。借助三角学，亚历山大里亚的数学家就可用点和线来描述整个宇宙，并使他们自己关于地球和天空的知识更为精确。"[②] 在西帕克斯研究成果的基础上，宇宙数学家托勒密成为天文学领域的集大成者，他将数学分析应用到天文学研究上，忠实于用数学方法解释现象，从而影响了整个中世纪和文艺复兴时代。此外，另一位伟大的数学家是丢番图（Diophantus），他创立了代数这门划

---

① 韩彩英. 西方科学精神的文化历史源流［M］. 北京：科学出版社，2012：43.
② 克莱因. 西方文化中的数学［M］. 张祖贵，译. 上海：复旦大学出版社，2005：66-72.

时代的数学学科，其《数论》主要说明代数符号和定义，同时包括189个代数问题，是代数作为一门独立学科诞生的标志。

希腊化时期的数学家们与古典时期的有着不一样的风格，这一时期的数学家十分注意与解决具体应用问题的衔接，而古典时期的往往注重演绎结构和推理规则。希腊化数学家群体的兴起，在很大程度上反映了东方数学对希腊化科学的渗透。此外，数学与天文学、力学、光学等应用学科及营造技术等联系在一起，从而达到了近代科学革命前的一次科学高峰。丹皮尔认为希腊化时期的演绎几何学"标志着知识的进步方面永久性的一步。在人类智慧的胜利中，我们很可以认为希腊几何学和近代实验科学拥有同样高的地位"①。明确地给予了高度评价。

三、科学实践

发源于古希腊的科学理性精神，在希腊化时期广泛应用于对自然现象的研究，一方面表现在数学化思想和几何化理念有了重大进步，另一方面表现在从观察实验中总结规律，且乐于建构模型以进行检验。其时科学实验精神的萌芽主要体现在天文学领域，随着文明中心向亚历山大里亚的转移，希腊化时期的科学精神则呈现出向实用领域的转移，以阿基米德为代表，其成就主要体现在工程技术机械发明、医学和炼金术活动中。

（一）阿基米德理性与实验的结合

"阿基米德是古代最伟大数理科学家，他在16世纪的数学'复

---

① 丹皮尔. 科学史 [M]. 李珩，译. 北京：中国人民大学出版社，2010：58.

兴'中被视为导致现代物理学出现的关键因素。"① 作为将科学理性
与实验精神相结合的古代典型，阿基米德的成就主要表现在他将力
学与数学问题进行了联结。这一方面是力学理论由定性描写向数量
化描述的范式转换的必然要求，另一方面也是理论数学向应用数学
拓展的趋势所致，其中实现联结的途径就是实验。这种理论上精确
的数量化表达，以及坚实的实验基础，促成了阿基米德的成功。丹
皮尔对此评价说："力学和流体静力学的起源应该到实用技术中去寻
找，而不应到早期希腊哲学家的著作中去寻找，但是当观察与在几
何学中学到的演绎方法结合起来的时候，这两门科学就有了坚实的
基础。把这两门科学放在坚实基础上的第一人是叙拉古的阿基米德。
他的工作比其他希腊人的工作都更具有把数学和实验研究结合起来
的真正现代精神。"② 阿基米德继承了古希腊人将原子论构想和数学
理想相结合的理性精神，创造性地发明了将数量化目标付诸实体的
实验方法，又发展了通过演绎进行的实证精神。阿基米德具有崇高
的理想和渊博的知识，淡泊名利、持之以恒，这些科学的性格表明
阿基米德是现代科学家的原型。

（二）工程技术和技术发明

吴国盛教授在考察希腊化时期的工程技术发明时曾说："亚历山
大里亚在建筑工程、水路和陆路运输工程、军事工程方面都有很多
建树，尤其在机械制造方面，更是有不少杰作问世。"③ 希腊化时期

① 陈方正. 继承与叛逆：现代科学为何出现于西方［M］. 北京：生活·读书·新知三
联书店，2009：222.
② 丹皮尔. 科学史［M］. 李珩，译. 北京：中国人民大学出版社，2010：58.
③ 吴国盛. 科学的历程［M］. 2版. 北京：北京大学出版社，2002：94.

在科学发现和技术发明上第一个成就卓著的人是克特西布斯（CT-ESIBIUS），他发明了压缩空气的压力泵，并在此基础上设计了弓弩和风琴；他设计的水钟，是一个浮子及其下面的水收集容器中附着的杆，其特征是当水位升高时，杆就使指针移动，就像拥有一只手的时钟。海伦（HERON）发明了最初的自动售货机、自动发声的音乐和自动开启的大门；阿基米德用镜子汇聚太阳光从而烧毁罗马人的战船，是亚历山大里亚人将光的知识运用到实际生活中的范例。希罗的《机械术》记载了希腊化时期的许多机械发明，如杠杆、滑轮、斜面等机械组合设备。

工程技术和技术发明是脑与手的结合，标志科学理性精神和科学实验精神的结合，而没有实验的科学精神，只能是一纸空谈。希腊化时期工程技术和技术发明处于一个空前繁荣的时期，其得以发生的历史文化逻辑主要体现在以下几个方面：第一，与希腊时期不同，从事技艺实践的人能够得到社会的尊重，没有登记身份和社会地位的限制。第二，学术发明和技术创造能够得到社会的资助和国家的支持。第三，知识分子和科学家的兴趣发生转移，热衷于应用技术领域。第四，技术教育学园的建立、技术书籍的传播，实现了技术教育的建制化和技术知识的普及化。

（三）经验——实验医学

古希腊的希波克拉底（HIPPOCRATES）的医学方法是希腊化时期实验医学的古典基础，他"将医学从原始巫术中拯救出来，以理性的态度对待生病、治病。他注意从临床实践出发，总结规律，同时也创立了自己的医学理论，即体液理论，成了西医的理论基础"①。希腊化时期由于对了解人体结构的渴求，人体解剖成为经验—实验医学的代表领域。赫罗菲拉斯（HEROPHILUS）是被现代人确切知晓的最早的人体解剖学家，对大脑、神经及内脏器官都做了细致的描绘；埃拉西斯塔拉图斯（ERASISTRATUS）对人体和动物进行的解剖，对大脑、神经和循环系统都有贡献；盖伦是希腊经验—实验医学的集大成者，他总结了希腊已有的医学成就，并将解剖知识和医学知识系统化。盖伦对动物和人体进行了解剖，并在动物活体身上进行实验，发现了许多新的医学事实，如心脏、脊椎和血液等，从而创立了其自成体系的医学理论。

回观科学史的历程，希腊化时期的医学发展体现了科学理性精神与科学实验精神的融合。其中被世人所忽视的自由探索精神，直到文艺复兴时期的哈维，才重新打开了该医学发展的崭新一页。

（四）炼金术

炼金术大概最早出现于 1 世纪，流行于希腊化时期。它主要是一种工匠制造技术，或者是一种医药活动，依赖于对自然的观察和理性的思考，体现了科学理性和观察实验相结合的特点。由于古代科学的落后，导致对问题的解释不可避免地具有猜想和神秘的成分，因而炼金术仍具有巫术特征，其精神同科学精神是相悖的。但尽管如此，对于希腊化时期这种理性与实验相结合的炼金术活动还是应当给予充分肯定，因为它对于科学尤其是化学学科的发展起到一定的积极作用。从某种意义上看，炼金术对于理性和观察实验的结合，

---

① 吴国盛. 科学的历程 [M]. 2 版. 北京：北京大学出版社，2002：74.

与近代化学革命中的科学精神具有了相类似的特征。

综上所述，整个希腊化时期既表现出对希腊科学理性精神的继承与发展，同时在实用领域又表现出科学实验精神相结合的萌芽。正是这两种精神的萌芽，为科学现代性最根本的方法论原则的出现奠定了基础。周昌忠先生提出希腊化时期的欧几里得几何学和阿基米德力学，代表了整个希腊时期科学发展的最高成就，"古希腊科学的最高成就欧几里得几何正是运用当时科学方法论的最高成就——公理方法的产物。古希腊另一位杰出科学家阿基米德用公理方法和数学方法建立他的力学"①。

第三节　中世纪的自然哲学

在科学史上，中世纪通常是指古希腊、古罗马文明结束到欧洲文艺复兴之间一千多年的时期。其中，从4世纪到11世纪，西方的科学发展到了最低时期；12世纪以后，随着希腊和阿拉伯科学的传入，这种情况才得以好转，科学发展的黑暗时期开始展露曙光。

从时间的跨度来看，中世纪对待科学的基本论调无可置疑仍以压制为主，但是如果就此认为中世纪对现代科学的诞生完全没有贡献，也是对中世纪的一种误读，这将极大地妨碍我们准确理解科学现代性的起源及发展。12世纪后，中世纪的自然哲学在某些方面为科学现代性的孕育提供了养料，其科学发展则为科学史家们论证中世纪科学与现代科学之间的"连续性"提供了证据。爱德华·格兰

---

① 周昌忠. 西方科学方法论史［M］. 上海：上海人民出版社，1986：48.

特曾评价说："倘若科学的自然哲学依然停留在 12 世纪上半叶的水平，也就是说，停留在希腊—阿拉伯科学在 12 世纪下半叶被译成拉丁文之前的水平，那么科学革命就不可能在 17 世纪的西欧发生。没有这些改变了欧洲思想生活的翻译以及紧随其后的重大事件，17 世纪的科学革命是不可能的。"① 若想真正地明白这一问题，则需要在 1175 年到 1500 年之间西欧社会产生的特定态度和机构中去寻找，因为"这些特定态度和机构导向的是整个学术，特别是科学和自然哲学，它们结合成了一种也许可以被称为'近代科学之基础'的东西"②。

一、科学发展的黑暗时期

中世纪西方社会处于天主教会的野蛮统治之下，科学的发展由古希腊时期的繁荣转入低潮。教会势力当道，自然哲学的发展处于受压制和附属地位。从人们的思想和心理特征来考察，中世纪的人们习惯于象征主义的文化传统以及教会的压制，导致研究自然的兴趣淡薄，因此不利于独立思想和探究精神的发展。

（一）象征主义的文化传统

象征主义是中世纪特有的文化现象，它贯穿于中世纪的始终，与基督教神学和自然哲学并行。这是因为象征主义关于对自然的解释上，如果与基督教义相符，就会被当作事实来接受；如果二者不

---

① 爱德华·格兰特. 近代科学在中世纪的基础 [M]. 张卜天，译. 长沙：湖南科学技术出版社，2010：208.
② 爱德华·格兰特. 近代科学在中世纪的基础 [M]. 张卜天，译. 长沙：湖南科学技术出版社，2010：209.

符，那么教会就只承认其具有象征意义。后来象征主义成为中世纪认识自然的主要方式。它通过对可见的事物及其形式的体现，展示不可见的事物；通过象征符号和字面意义，领悟象征性的神秘意义或者信仰的深奥。尽管当时的人们已经具有了认识自然界的能力，但他们仍热衷于采用象征手法，并将其作为观察的目的。

象征主义在中世纪极为盛行，出现在基督教义、动物语言、草药记载及医学等各个领域。如在基督教义里，月亮是教堂的象征，风是精神的象征，数字"十一"是戒条的象征，长生鸟是上升基督的象征。在动物寓言里，蚂蚁—龙是既想跟随上帝又想跟随恶魔的人的象征，这种两面派的动物最终的下场只能是饿死。在草药记载中，每种植物都带有暗示对人类价值的标志，如红石头可以被用来治疗血友病。象征主义作为理性与神启的结合，其作用主要表现在：首先，象征主义认为事物至少具有两种意义，如红石头，既是一种自然使然的属性，又有神灵使然的价值，所以，象征意义体现了理性与价值的融合。因为任何一种事物或者现象的表面意义只是告诉人们发生了什么，而象征意义教导人们要相信什么，从而对人来说是更为根本的意义。其次，象征主义使得中世纪人们对自然的认识及其精神体验混合一起，具体事物和抽象概念之间的差异被消弭，"在中世纪，原因是通过寻找各种事物之间的类似性和隐秘的对应性来探求的——把星星想象成雄性还是雌性、是热还是冷，并且赋予它们与各种矿物或人体的各个部分以特定的密切联系，以至整个宇宙有时看起来是一个具有各种象征的宇宙"①。

象征性的文化传统带来了人格化的自然观。中世纪继承了古希

---

① 巴特菲尔德. 近代科学的起源 [M]. 张丽萍，等译. 北京：华夏出版社，1988：32.

腊的有机自然观和整体自然观，同时形成了人格化的自然观。人格化的自然观视人与自然相通，如人的头是天，脚是地，血液是河流，头发是草木等；按这种观点，自然是根据人的形象构造的，具有人格化特征。人格化的自然观，说明中世纪人们对于自然的意识不够明显和强烈；人将自然视为无价值的存在，而不是独立的客体，不但屈从于上帝的意志，而且屈从于人的目的，从而消弭了人与自然之间的界限。此外，说明这一时期人们对自然界的观察和热爱，比古代和近代都更为冷淡。考察中世纪的人的注意力都集中在对事物的象征性意义的思考中，他们感兴趣的是自然的象征和意谓，而非自然是什么。

中世纪用象征主义的方式来解释世界，其中与现代科学采取了看似完全不同的进路将事实和意义紧密结合，是中世纪认识世界的主要特点。"这种象征主义的解释方式是由中世纪人的世界观念决定的。在中世纪人看来，世界不是变动的和发展的，因此因果的解释就显得不那么重要。事件的联系不是横向的，而是一种等级的垂直关系；每一种物质的客体都有自己空幻的原型，这个原型不是去解释那个客体，而是揭示它更深层次的意义。原型与时间或客体的关系是稳定的、不变的，这是功能性的而不是动因性的关系。"[①]

（二）独立思想和探究精神的丧失

中世纪的教会以罪恶和救赎观念来实行对人的统治，因而人们将希望寄托来世，且为了来世获得救赎，而听从作为神与人之间中介的教会的安排。在这种观念的影响下，中世纪人们的精力主要集

[①] 古列维奇. 中世纪文化范畴 [M]. 庞玉洁，等译. 台北：淑馨出版社，1994：316.

中在天堂、来世和末日审判上，从而丧失了追求世俗知识的意识。因为在人们眼中，世俗的知识与追求来世的救赎之间是敌对的，或者至少是无益的。"由于有这样一种人生观和这样一种死亡的前景，无怪乎神父们都对世俗的知识丝毫不感兴趣。圣安布罗斯说：'讨论地球的性质与位置，并不能帮助我们实现对于来世所怀的希望。'基督教思想开始敌视世俗学术，把世俗学术和基督教决心要战胜的异教看成是一回事。"① 此外，由于知识多与神学教义相违背，因而在神父眼里科学知识是一种理应被摒弃的异教力量。中世纪的这种人生观和知识观，导致了探究自然的愿望和力量的丧失。"自然科学在希腊人那里消融在形而上学里，在罗马的斯多葛派那里，变成了支持人类意志的道德所必需的条件。同样，在早期基督教的气氛里，自然知识也只有在它是一种启发的工具，可以证明教会的教义与《圣经》的章节的时候，才被重视。批判的能力不复存在，凡是与神父们所解释的《圣经》不违背的，人们都相信。"②

由于中世纪的精神被来世的阴影所笼罩，人们看不到现世生活的乐趣。相比希腊时期对于生活的乐观态度以及对真理和知识的渴求，中世纪无论是教徒还是异教人士，由于丧失了生活信心，也就丧失了独立的思想以及探究精神。

二、科学精神孕育的文化条件

从科学发展所需要的思想来看，中世纪是虚弱的。但是，"在科学历史学家眼中，中世纪是现代的摇篮。……研究欧洲中世纪思想

---

① 丹皮尔. 科学史［M］. 李珩，译. 北京：中国人民大学出版社，2010：81.
② 丹皮尔. 科学史［M］. 李珩，译. 北京：中国人民大学出版社，2010：82.

时最有趣的一件事，是追溯不断变化的人类心理态度怎样从一种似乎不可能产生科学的状态，转到另外一种状态，以至使得科学自然而然地从哲学的环境里产生出来"①。作为使近代科学革命成为可能的背景，作为一种最终使这种科学革命在 17 世纪得以发展的社会环境，中世纪至少创造了三个关键的先决条件：将关于科学和自然哲学的古希腊—阿拉伯著作翻译为拉丁语；中世纪大学的形成和发展；神学家—自然哲学家群体的涌现。

（一）大翻译运动对希腊精神的引进

公元 3 世纪，罗马帝国的分裂，对古希腊科学思想的传播造成了阻碍，这是因为分裂后的东罗马帝国讲希腊语，而西罗马帝国讲拉丁语。希腊语作为科学的语言，越来越少的被人熟识和掌握，因而希腊科学的宝贵财富就被束之高阁。虽然有一些阿拉伯语的译本，但是广大西方拉丁语地区人们的科学给养仍无法满足，从而造成了科学的匮乏。面对着极为辉煌的古代科学成就，近代的人们却束手无策，既无法了解古人，也无法继续发展。对科学与自然的兴趣，以及掌握更加精确的科学的渴望，激起了人们研究古希腊科学著作的热情，促使了将希腊语翻译成拉丁文这一急待解决的事业的发生。由于古代科学著作或为希腊语写作，或被译为阿拉伯语，因此古代科学文献被称为希腊—阿拉伯遗产；中世纪的大翻译运动正是基于对古代科学遗产的敬重和进一步发展科学的渴望，从而形成的对希腊—阿拉伯遗产进行拉丁语翻译的运动。这一运动是西方科学史上的一次重要的转折，此后，科学的发展又重新站回了巨人的肩膀上。

---

① 丹皮尔. 科学史［M］. 李珩，译. 北京：中国人民大学出版社，2010：109.

哈斯金斯更是将中世纪的这一学术繁荣时期称为"12世纪文艺复兴",其重要作用由此可见一斑。

翻译运动虽然初步开始于10世纪中叶,然而"使西方科学思想发生革命、并决定其数百年进程的大翻译运动直到12、13世纪才出现。从1125年到1200年出现了一次真正的拉丁翻译高潮,它使相当数量的希腊和阿拉伯科学重见天日。自大量希腊科学于9世纪和10世纪初被译成阿拉伯文以来,科学史上再没有什么事件能与之相比"①。

(1)从翻译的内容来看,大翻译运动在选择文本翻译时,通常没有题材和内容限制。文本获得的容易与否通常成为考虑的首要因素,因此在选择文本上具有极大的偶然性。"在这种翻译和传播的过程中,偶然因素和便利因素的影响很大。并没有对翻译材料的全面调查,早期翻译家多少有些盲目地把精力集中在突然展现在他们面前的新事物。简明的书籍常常被首先考虑,原因就在于它们简明,而基础性论著篇幅长又难以理解。"② 无独有偶,从结果来看,翻译主要针对科学和哲学著作,极少涉及人文学科与纯文学的作品。

(2)从翻译的方式来看,翻译的方式视译者的情况而定,主要有间接翻译和直接翻译两种。所谓间接翻译,就是在希腊语、阿拉伯语和拉丁语之间找到一种语言媒介,作为桥梁,例如对一本希腊语著作,不懂希腊语但懂阿拉伯语的学者可以请人将其译为阿拉伯语,然后他再将其译为拉丁语。据爱德华·格兰特考证,间接翻译

---

① 爱德华·格兰特. 近代科学在中世纪的基础 [M]. 张卜天, 译. 长沙: 湖南科学技术出版社, 2010: 32.
② 哈斯金斯. 12世纪文艺复兴 [M]. 夏继果, 译. 上海: 上海人民出版社, 2005: 233.

最著名的代表就是克雷莫纳的杰拉德（Gerard of Cremona）。他"看到任何一个学科都有丰富的阿拉伯文著作，他对拉丁人在这些方面的贫乏痛心疾首，于是便为了翻译而学习了阿拉伯语。直到生命的最后一刻，杰拉德仍然在把他所认为的许多学科中最优秀的著作尽可能准确和明晰地传播到拉丁世界"①。由于间接翻译受到很多限制，可能在翻译的过程中会辗转多次语言转换，加之翻译人员的理解程度参差，因而间接翻译在转译的过程中可能存在对原著的曲解与误读，托马斯·阿奎那就曾经抱怨，由阿拉伯文翻译的亚里士多德的著作不够完备。相比而言，直接翻译的优势就更加明显了。所谓直接翻译，就是译者懂希腊语，可以直接将希腊文译为拉丁文。如果说克雷莫纳的杰拉德是把阿拉伯文译成拉丁文的最杰出的翻译家，那穆尔贝克的威廉（William of Moerbeke）则是把希腊文译成拉丁文的最伟大的翻译家，他翻译了神学、科学和哲学方面的著作至少49部。

（3）从翻译对科学的影响来看，希腊文化的复兴本来可以通过从希腊文直接到拉丁文的方式，但事实上大多数采用的还是从希腊文到阿拉伯语。阿拉伯语由此成为流行的科学语言，使伊斯兰文化在中世纪出现了一段辉煌时期。从科学传播的角度看，大翻译运动带来的"12世纪文艺复兴"，不仅是对希腊文化的复兴，也是对阿拉伯文化的复兴，因为在文艺复兴真正到来的时候，人们所面对的不仅是希腊文本的科学，还有丰富的阿拉伯文本。阿拉伯译本不仅翻译希腊科学，还加入了自己的科学成果，对早期希腊科学做了评

---

① 爱德华·格兰特. 近代科学在中世纪的基础［M］. 张卜天，译. 长沙：湖南科学技术出版社，2010：34.

注和摘要，因而是对希腊科学的吸收和超越，更能体现科学的进步。与此同时，中世纪阿拉伯人在翻译和著述的过程中，将科学视为一项重要的事情，献身科学的精神和理性的思维习惯等也随之推广。希腊人的财富虽然为阿拉伯人所继承，但翻译运动却使得其在西方基督世界得到了保存与发扬。

随着大翻译运动的开展，希腊—阿拉伯的科学和自然哲学，尤其是亚里士多德的著作被译为拉丁文而传至西方世界，成为科学革命第一个不可或缺的前提条件。如果没有希腊—阿拉伯科学遗产，西方科学或许也能发展起来，但近代科学即便诞生，也肯定会推迟几个世纪。因此我们说，正是大翻译运动使得西方科学站在了巨人的肩上。

（二）世俗大学的建立

大学作为西欧的一项独立发明，是中世纪欧洲留给人类的一项重要的文化遗产。它随着西欧社会思想生活的发展而出现，对于西方科学的发展有着至关重要的作用，是科学革命发生的第二个前提条件。

大学的兴起，一方面源于欧洲政治经济发展带来的对世俗文化的需求，另一方面由于大翻译运动带来的希腊—阿拉伯科学、哲学和医学等的复兴与繁荣，扩大了欧洲人的视野，一定程度地促进了大学的产生，且希腊—阿拉伯文化成为大学形成后教授的主要内容。"事实上，大学是西欧对大量新知识进行组织、吸收和扩张的体制手段，正是通过这种工具，西欧为一代代人确立和传播了共同的思想遗产。"[①] 中世纪出现的大学是历史上第一次为讲授科学、自然哲学

---

① 爱德华·格兰特. 近代科学在中世纪的基础［M］. 张卜天，译. 长沙：湖南科学技术出版社，2010：48.

和逻辑而创立的一个机构。较早建立起来的大学有巴黎大学、牛津大学与剑桥大学等。

中世纪大学的课程设置极大地受到大翻译运动的影响，或偏重于人文科学，或偏重自然科学。学生在接受专业教育前，先要进行基础教育的学习，主要是三哲学和四艺：文法、修辞及辩证术三哲学，算术、几何、天文与音乐四艺，着重对学生的人格和素质的培养；中世纪大学的高级课程主要为神学、法学和医学，培养神职人员、司法人士和医生。此外，还开设逻辑学和自然科学课程。逻辑作为一种分析工具，适用于一切领域，是极为重要的一门学科，因而亚里士多德的新逻辑成为中世纪大学的支柱学问。从中世纪大学的艺学课程的设置来看，以理论性课程为主，缺乏实践性课程。这也就反映了中世纪大学艺学教育的一个重要特征，是其发展"并不是为了满足社会的实践需要。它源自 12、13 世纪的翻译活动所带来的希腊—阿拉伯思想遗产。这份遗产由一批理论著作组成，它们需要就其本身的价值进行研究，而不是出于实用或者赚钱的目的。为了赚钱或实用而学习是为它所不齿的"[①]。基于此，我们可以说，这种追求知识本身的理想自古代以来一直没有发生改变，直至文艺复兴。虽然中世纪大学并没有对社会提供实际利益，但是它们却为科学和科学观的发展奠定了坚实的基础。直至今天，我们仍强调科学的求真求实精神。

对于中世纪西欧大学所讲授的亚里士多德主义，有人认为对16—17 世纪新科学的出现是充满敌意的，它将新科学关闭在大学的

[①] 爱德华·格兰特. 近代科学在中世纪的基础 [M]. 张卜天，译. 长沙：湖南科学技术出版社，2010：63.

校门之外。尽管如此，并不能完全抹杀中世纪大学的影响，因为
"它已经完成了它们的基础性工作，已经塑造了西欧的思想生活，其
影响无处不在"①。世俗大学在与教会的斗争中，克服重重困难，顽
强地生存下来，并培养了一批献身科学的精英，为欧洲科学技术的
起飞准备了中坚力量。

（三）神学家—自然哲学家的出现

在中世纪早期阶段，几乎没有古希腊自然哲学，因为既缺乏必
要的关于自然的理论观念，又缺乏现代科学生发的数学工具和实验
意识。但是到了 12 世纪，古希腊—阿拉伯科学的引进，表明了一个
新的开端。在这个过程中，值得一提的便是神学家—自然哲学家的
贡献。中世纪科学是神学的婢女，自然哲学的发展要接受神学指示；
神学家在社会中具有重要地位，如果不经过他们的信仰和首肯，翻
译来的希腊—阿拉伯科学也无法进入欧洲大学。对于中世纪的神学
家来说，希腊—阿拉伯科学是一种异教文化，那么对于异教文化，
神学家们是如何做到接受的呢？

首先，神学家依靠接触异教文化的经验。在大翻译运动前，神
学家便接触过一些异教文献，从而能对自己的教义进行调整，因此
面对异教思想，他们并不感到恐怖，也不极端排斥。与异教文献接
触的基础，使神学家在面对大翻译运动带来的更大规模的异教思想
涌入时，尽管发生摩擦与碰撞，但还是很快接受了它们，并进一步
将其作为自己教义的补充。他们不仅认可世俗的艺学课程，还大都
相信自然哲学对于正确阐明神学至关重要。其次，神学家们通过学

---

① 爱德华·格兰特. 近代科学在中世纪的基础 [M]. 张卜天，译. 长沙：湖南科学技
术出版社，2010：213.

习与研究，能够用异教科学来为自己服务。他们将传入的希腊—阿拉伯科学作为对《圣经》的有益补充，认为其可以增进理解，为教义所用。

古希腊—阿拉伯科学和自然哲学，能够在西方思想中生存下来，且获得崇高地位，与神学家—自然哲学家的贡献分不开，因为"在近代科学诞生之前的古代和中世纪，往往被称为前科学时期或科学萌芽时期。当时所谓的科学，是以自然科学的名义亮相的。由于前科学与古代和中世纪的中轴文化或主流文化哲学和神学密不可分，或者说它被囊括在社会总体文化的母体之中，因此它自然而然地从当时的文化复合体中汲取了某些价值理念和精神力量，以利自身的发展，这些宝贵的精神价值成为促进近代科学诞生的积极动因，同时也伴随着近代科学的成长而发扬光大，得到进一步的强化和深化"①。

三、科学精神的缓慢发展

中世纪"以人文主义、艺术、实际的发现和自然科学的开始为其特有的光荣的文艺复兴的道路扫清了，经院哲学的时代过去了，历史掀开了新的一页"②。中世纪的科学精神仍体现对古希腊以来的科学理性精神和实验精神的缓慢消化与吸收，即便遭受中世纪宗教势力的压制，科学精神在这一时期的发展也未停滞，而是缓慢地发展着。"古代学术光辉成就仍然在思想底层发生作用，而且逻辑与科

① 李醒民. 科学的文化意蕴——科学文化讲座［M］. 北京：高等教育出版社，2007：222.
② 丹皮尔. 科学史［M］. 李珩，译. 北京：中国人民大学出版社，2010：109.

学已经成为经院哲学的基础，亦即通往神学的必经之路，从而保证了科学在大学中的生存和发展。换言之，古代'侍女'观念继续在中古时代发生作用。"①

（一）教会科学家科学观念的转变

中世纪科学是神学的婢女，因而科学家也以教会科学家为主。教会科学家注重观察和实验，开创了中世纪的科学传统，其中以格罗斯泰特、大阿尔伯特和罗吉尔·培根的贡献最为突出。

格罗斯泰特（Robert Grosseteste）在中古科学发展时期具有举足轻重的地位，他将中世纪从经院哲学引向了自然哲学的研究，并以大量著作打破了中世纪的科学黑暗，建立了新的科学传统。格罗斯泰特早期以研究天文现象为主，后来转向对光学的研究，并对亚里士多德的《物理学》进行评注，从而形成了自己的科学观。在他看来，自然界的真理是具体现象与抽象原理并重的架构。因为真理只能从对具体现象的观察中获得，之后借助数学方法归纳出普遍真理，进而再用这个普遍真理反观个别现象。"因此，他是融合了亚里士多德与柏拉图两种相反精神，提出理论与实践并重，以及两者往返互动的方法，这就已经非常接近 17 世纪的现代科学观念了。"②

大阿尔伯特（Albertus Magnus）深受格罗斯泰特的影响，致力于将基督教与迅速传入欧洲的科学融为一体。大阿尔伯特可能是中世纪最多产的学者，除了大量神学作品外，还有一些哲学和科学著作，内容以阐述和评论亚里士多德的著作为主，对其自然哲学进行

---

① 陈方正. 继承与叛逆：现代科学为何出现于西方 [M]. 北京：生活·读书·新知三联书店，2009：420.

② 陈方正. 继承与叛逆：现代科学为何出现于西方 [M]. 北京：生活·读书·新知三联书店，2009：434.

修订和补充。此外，大阿尔伯特提出了对科学发展有关键影响的新的自然观念。在传统的基督教义那里，自然哲学完全统摄在神学之下，自然的规律只能从上帝的意志中去寻找，只有通过了解《圣经》才能了解自然。这就从根本上否定了通过观察和实践来发展科学的可能性。而大阿尔伯特却提出，自然界是有规律的，上帝通过他所创造的规律来运转世界，我们可以通过对自然现象的观察来发现规律。因而对自然现象的观察不仅可以发现规律，而且可以彰显上帝造物的精妙。这不仅在一定程度上缓解了基督教义与自然规律之间的紧张关系，而且为科学的发展在神学桎梏中找到了出口。

罗吉尔·培根（Roger Bacon）是与大阿尔伯特同时代的教会科学家，他将科学知识与宗教思想融为一体，著成《主集》。桑达克对这本书的评价极为精准："它的观念并不崭新，也说不上远远超越时代，但其成分非常庞杂，所以个别内容虽然散见于别处，这样集中起来却是罕见……即使我们尊他为现在科学先驱，也不容否认这是教士为教士而写的书，目的在于增进教会和基督教的昌盛。其次，虽然他往往是学究气和形而上的，却又在多处显示出强烈的批判性，并且坚持实用是判断科学和这些的标准。最后，他鼓吹所谓'自然魔术与实验学派'的目标与方法，这就很接近科学精神了。"[1] 罗吉尔·培根毕生从事写作和研究，劝说教会肯定新学术的价值，传播自然科学。在他看来，能证明教义的新学术和能够延长寿命的实验科学，对于宗教神学来讲，是理解教义所不可或缺的。在科学方法论上，他肯定亚里士多德科学研究的归纳—演绎模式，同时认为应

---

[1] 陈方正. 继承与叛逆：现代科学为何出现于西方［M］. 北京：生活·读书·新知三联书店，2009：441.

当在此基础上对归纳出的知识进行经验检验。从这一点上来讲，罗吉尔·培根"在精神上接近他以前的伟大的阿拉伯人或他以后的文艺复兴时代的科学家的唯一人物"①。

"总体来说，格罗斯泰特是中古科学的玄默奠基者，大阿尔伯图是它与基督教文化的融会者，至于罗杰培根则是它的天才梦想家和宣扬者。正由于这三位气质、取向、成就迥异，但又互为不足的大学者的开拓、斡旋、潜移默化之功，科学逐渐为教会所接纳，在社会上赢得尊敬与一定地位，它其后数百年的发展也因此获得了稳定根基。"②

（二）实验精神的缓慢积聚

中世纪在经验科学方面的贡献较小，这一时期基督教学者最为重要的贡献就是引进和吸收了阿拉伯文化中的经验知识，并尝试以古希腊数理理性来整合经验理念，从而实现了经验技艺的缓慢积累与实验精神的积聚。

萨顿指出："中世纪主要的、至少是最明显的成就也许是实验精神的创造，或更准确地说是这种精神的缓慢孕育。直到12世纪末，这种精神首先归功于穆斯林，然后归功于基督徒。"③ 萨顿的评价，表明了中世纪科学实验精神的缓慢发展得益于阿拉伯文化及基督教的努力。中世纪的实验科学精神在罗吉尔·培根身上体现最为充分，他提出了"实验科学"的名称。虽然在践行中实验科学并未摆脱信仰和神启的色彩，但是实验方法论是古希腊以来西方科学方法论史

---

① 刘睿铭. 科学的历程 [M]. 南昌：江西高校出版社，2009：80.
② 陈方正. 继承与叛逆：现代科学为何出现于西方 [M]. 北京：生活·读书·新知三联书店，2009：442.
③ 萨顿. 科学的生命 [M]. 刘珺珺，译. 北京：商务印书馆，1987：137.

上的革命性进展。从科学理论上看，中世纪在物理、化学及医学等领域并没有太大的进展，但在晚期有着对风能、水能和机械力的应用。为了节省出更多的时间来进行祈祷和沉思，基督教会鼓励使用节省劳动的装置，如交替利用风车和水车来磨碎谷物，在河流水能丰富的时候采用水车，在河流冰冻的季节利用风车；机械钟的发明代表了中世纪技艺的最高成就，也表明欧洲人的生活开始具有了规律性特征。在军事上，由于金属工艺的提高，弩的制造水平和功能构造被提升，成为战争中的强有力武器。此外，在致力于变更化学构成及延长生命的炼金术中，炼金术士对实验的测量和记录，有利于他们对事物本性的认识。炼金术传统是实验方法的来源之一，"在19世纪，所有的化学史家都承认炼金术士做试验的那种狂热；他们对炼金术士某些具有积极意义的发现表示敬意；他们最后还指出现代化学是从炼金术士的实验室里缓慢地走出来的"①。

　　技术的使用及技艺的积累，一方面增强了中世纪人们对自身力量的信心，另一方面刺激了他们对新技术的渴望。无论人们多么敬仰古希腊科学，但都不足以转变为现代科学的基本精神，而只有"在阿拉伯炼金术士和光学家的影响之下，以后在基督教的力学家和物理学家的影响下，实验精神非常缓慢地增长着"②。中世纪晚期，乃是历史上人们有目的地以机械方式利用自然力的一个决定性发展时期。

　　中世纪后期古希腊的科学精神开始在欧洲复兴，科学理性精神

---

① 加斯东·巴什拉. 科学精神的形成 [M]. 钱培鑫，译. 南京：江苏教育出版社，2006：45.

② 萨顿. 科学的生命 [M]. 刘珺珺，译. 北京：商务印书馆，1987：137.

的发展以及科学实验方法的提出，为现代科学在欧洲诞生准备了必要的前提条件。

（三）自然哲学的发展

中世纪的自然哲学不仅是对希腊—阿拉伯科学文献的整理与保存，而且更加注重对其进行研究，以使这类科学遗产更加有利于现代科学的发展。

1. 中世纪的科学方法有所提升。目前流行的观点多认为中世纪的科学知识是从书本中获得而不是实验室，是一种学究气的思维习惯。这种对中世纪科学的认识，有被夸大的成分，因为中世纪关于日食、火山、潮汐等的观察与记录，是证明彼时存在科学观察和实验精神的最好例证；罗吉尔·培根更是中世纪第一个实验学家。中世纪后期，尽管新哲学从科学的兴趣出发，鼓励自由的研究精神，把信仰的对象变成思维的对象。但是中世纪的科学精神即便是在鼎盛时期也没有摆脱对宗教权威的尊重，这是中世纪最重要的特征。因此，科学精神仅表现在个别学术领域，并非系统展现，且不够深入，一方面经院哲学站在基督教信仰的基础上，反对新的科学的诞生，另一方面经院哲学又逐渐重视经验与实验的精神。

2. 中世纪自然哲学拓宽了科学语言。科学语言是科学研究的基础，而中世纪自然哲学的一项重要贡献就是为科学发展提供了一套术语，其中大多数是由亚里士多德的自然哲学术语翻译而来。但中世纪自然哲学对现代科学的贡献，在于它不仅是术语的翻译与挪用，而且加入了新的概念和名词，拓宽了自然哲学的研究视野。例如，亚里士多德的物理学提出了"实体""量""质""位置""虚空"等术语，而中世纪在继承这些概念的基础上，进一步提出的"匀速运动""瞬时速度"等术语，至今在物理学的发展中起着重要作用。此外，中世纪自然哲学家提出了许多科学问题，并对这些问题做出了解答，尽管这些答案不一定准确。16—17世纪科学革命时期大多是对这些问题予以重新回答，而不是提出新问题。

3. 中世纪自然哲学的探索精神，是留给现代科学事业的一项宝贵财富。即便中世纪神学家—自然哲学家的目标并没有真正实现，但至少为这一事业进行了奠基。"要讲述中世纪哲学，必须把当时的学术自由考虑在内，即思想家最终得出其研究结论的自由。总的来说，这种自由度远远大于人们通常所认为的。"① 一方面，表现在中世纪后期的科学研究和实验比我们想象的要自由。伯里认为中世纪是理性遭束缚、思想被控制和知识处于停滞状态的一千年，其状态远远超出现实，在教会学说允许的范围内，人们才可以随心所欲地探索与思考。中世纪自然哲学仍作为一门世俗的独立的理性学科，被大学所教授；在数学、天文学、逻辑、医学和法学等领域，没有对教师做过多的压抑和束缚。另一方面，理性探索科学问题、为各种科学问题寻找解答，是中世纪神学家—自然哲学家的目标。他们能正确地看待理性和信仰的关系，认为在论证的过程中应该采用的是理性，而不是信仰。论证过程中可能会存在对某一问题的多种回答，神学家—自然哲学家并没有在这种现象面前退缩，而是勇敢地承认这种自由探讨问题的形式是他们的义务，认为只有这样，才能找到解答问题的最好答案。

站在现代科学发展的高峰上回头看中世纪，它极为渺小，在世

---

① 哈斯金斯. 12 世纪文艺复兴 [M]. 夏继果，译. 上海：上海人民出版社，2005：289.

人的思想中一直以黑暗和反面形象存在；但中世纪后期科学观念的转变以及文化条件的创造等，对现代科学的产生却有着不可抹杀的作用。尽管建立真正的现代科学，还要等培根、伽利略、笛卡尔与牛顿来完成，但正是由于中世纪为理性时代做的奠基，酝酿了后来各种思想发展的可能性，才能有科学革命的爆发式发展；新科学从中受益，加以继承发展，才能以前所未有的速度和方式发展起来。因此，可以说中世纪以其特有的方式为现代科学的产生与发展铺就了道路。

第三章

科学现代性的建构

科学现代性的历史建构以现代科学的发展为载体，经历了开启、发展与成熟的阶段之后，也呈现出失衡的一面。

第一节　科学现代性的开启

科学现代性开启于文艺复兴。文艺复兴主要是指 14—16 世纪西欧各国发生的对古希腊罗马文化的复兴运动，包括文化变革。针对历史上也有认为启蒙运动是现代性的开启的观点，本文认为将文艺复兴视为现代性开启的理由更加充分。首先，从文艺复兴与过去时代的关系讲，现代性的发端标志着一个与中世纪相异质的时代开始，而文艺复兴正是具备了这个分水岭的特征。它采取效仿古希腊的方式与刚刚结束的中世纪拉开距离，表达一种新的时间意识。哈贝马斯采纳了黑格尔将新大陆的发现、文艺复兴和宗教改革视为现代与中世纪之间的分水岭的观点，并在其《后民族结构》中指出，"我们一般把文艺复兴看作是'现代'的开始，而文艺复兴就是通过上述方式而与古希腊接上联系的"①。其次，从文艺复兴与以后时代的关系上讲，它在恢复古希腊自然哲学的同时，又带来了人和世界观念的变革。正如吴国盛教授所指出的："这一时期航海罗盘、钟表、枪炮、印刷术等的出现，以及美洲的发现，都为科学革命提供了合适的气氛和时代背景。人们即将从古代的知识范围里走出来，去探索无限的宇宙。"②

一、复古与求新的追求

漫长的中世纪过后，人们普遍认为高度繁荣的古希腊、古罗马文化被历史的遗忘，带来历史的倒退，由此提出了复兴古典文化的口号。这是文艺复兴的本意，表明了重新捡起古典文化，以古为师的理想。"文艺复兴复活了一些反对中世纪的古代倾向，希腊和罗马古籍犹如清新的海风吹进这沉闷压抑的气象之中。"③

从文化的研究模式看，与 12 世纪的文艺复兴不同，它不再以阿拉伯语言作为中介，而是广泛收集希腊罗马经典，直接从原用语转为拉丁语研究；如果将 12 世纪的文艺复兴视为古典文化的复苏期，意大利文艺复兴则是古典文化的复活期。从文化的传播方式看，12世纪的文艺复兴，仍多采用口述和手抄本的文化传播方式；15 世纪西方才有了活字印刷术，随着造纸术和活字印刷术的广泛使用，古

---

① 哈贝马斯. 后民族结构 [M]. 上海：上海人民出版社，2002：178.
② 吴国盛. 科学的历程 [M]. 2 版. 北京：北京大学出版社，2002：21.
③ 亚·沃尔夫. 十六、十七世纪的科学、技术和哲学史 [M]. 周昌忠，译. 北京：商务印书馆，1985：5.

典书籍和译本得以迅速出版和流传；印刷术的功绩在于它可以使后继学者站在前人的肩上进行研究，彰显科学知识的积累过程，强化了科学作为一项连续事业的特征。从文化的传播结果看，古典文化之花的绽放为新的世界观的形成预设了前提如柏拉图主义、古典原子论以及赫尔墨斯主义的再生，分别为之后的数学自然观、粒子论和机械论哲学，以及实验哲学的出现奠定了基础。

随着这一运动的发展，不仅局限于单纯的复古，且出现了科学、文化的全方位高涨。"无论是出于偶然性还是出于历史必然性，在欧洲，种种因素以恰当的比例凑合在一起，又经历了不可避免的宗教磨炼和政治压力，于是不断相互作用、结合，终于形成了一种崭新的文化产物。全世界的现代科学正是从这唯一源泉中成长起来的。"① 欧洲人通过对古希腊文化的选择、整理和加工，克服了单纯对古典文化复原的局限，具备了超越其上的要素和条件。因而文艺复兴时期的文化成就，"一方面对于中古为继承的，非突发的；一方面对于古典，为创造的，非模仿因袭的"②。

文艺复兴运动是欧洲反封建、反教会神权的一场伟大的思想解放运动，与宗教神学相对立的人文主义是文艺复兴运动的指导思想。"'人文主义'一词源自人文学，在文艺复兴时期指古典学术的研究和重视人类现实的新思潮。人文主义的基本倾向是提倡人道以反对神道，提倡人权以反对君权，提倡个性解放以反对宗教桎梏。"③ 如果用文艺复兴指称一个时代，那么人文主义就是其时代的文化特征

---

① 约翰·齐曼. 知识的力量——科学的社会范畴 [M]. 上海：上海科技出版社，1985：229.
② 蒋百里. 欧洲文艺复兴史 [M]. 北京：东方出版社，2007：16.
③ 刘睿铭. 科学的历程 [M]. 南昌：江西高校出版社，2009：131.

和价值观念。这种价值观念渗透至社会文化的内在层面，并且根植于人们的思想中。文艺复兴时期社会文化价值取向的变迁，是科学革命爆发的社会及思想根源。

文艺复兴时期的人文主义者，从对文法和修辞等古典自由学艺的研究开始，找到了古典著作中所体现的古代人的自由和解放精神，并以此促发了其对人性和尊严的追求。人文主义大大拓展了欧洲人的思想范围，其对古希腊遗产的疯狂挖掘，导致这一时期人们的知识特征迅速变化；而知识的增长也造就了一种精致的怀疑主义、追求多样化的思考和生活方式，从而兼容并蓄，热衷于追求具有艺术感和美感的事物和品性。人文主义同时为现代科学的产生铺平了道路。这是因为人文主义致力于广泛吸收古希腊哲学的精髓，追求古希腊哲学的同时也带来了对新的知识的迫切需求，而这一要求只有在自然科学的产生和扩展过程中才得以实现。因此，可以说自然科学的产生得益于人文主义，近代自然科学是人文主义的女儿。英国科学史家丹皮尔也对此进行论述："人文主义者毕竟为科学的未来的振兴铺平了道路，并且在开阔人们的心胸方面起了主要作用。只有心胸开阔了，才有可能建立科学。假如没有他们，具有科学头脑的人就很难摆脱神学成见的学术束缚；没有他们，外界的阻碍也许竟无法克服。"①

因此，文艺复兴以人文主义为旗帜，在复兴古希腊自然哲学的同时，致力于新知识的获取，从而迎来了科学现代性的诞生。

_____

① 钱兆华. 科学哲学新论［M］. 南京：江苏大学出版社，2011：9.

二、人和世界的发现

文艺复兴的主要成果以"人和世界的发现"最重要。法国史学家米什莱认为:"16 世纪是从哥伦布到哥白尼,从哥白尼到伽利略,从地球的发现到天上的发现。人还发现了他自己,探测了他自己的深奥复杂的人性。"① 蒋百里在提到文艺复兴的积极成果时说:"有二事可以扼其纲:一为人之发现,二为世界之发现。"② 文艺复兴时期对人和世界的发现,与科学现代性的开启紧密相连。

(一) 人的发现

1. 人的发现,为现代科学的诞生准备了主体条件

(1) 人的发现主要表现为人的自主性的发现。中世纪,神的至高无上决定了人只能是神的创造物和附庸,人文主义则通过对人的价值的肯定,确立了人的尊严,提高了人的地位。莎士比亚曾赞美人类是宇宙之精华,万物之灵长,是一件了不得的杰作;达·芬奇认为人类作为万物之长,就在于能认识自然、研究自然和利用自然。人的自主性得以肯定,才能具备对自然界进行探索的可能性,罗素曾指出,"文艺复兴思想家们再一次强调了以人为中心,在这样的思潮中,人的活动应当以其自身价值而受到重视,科学的探索因此也开始以惊人的步伐向前迈进"③。人的自主性的发挥对科学探索的影响,在与中世纪"神本"观的比较中体现得更为突出。"人文主义者首先理解到人类力量的强大并为之震惊。他们最大限度认识到,

---

① 朱龙华. 意大利文艺复兴的起源与模式 [M]. 北京:人民出版社,2004:14.
② 蒋百里. 欧洲文艺复兴史 [M]. 上海:东方出版社,2007:9.
③ 罗素. 西方的智慧 [M]. 北京:世界知识出版社,1992:362.

借助造物主上帝的名义，人类的力量要比思辨的力量强大。人文主义者的唯意志论，是和他们强调人作为被创造出的世界的统治者这一上帝赋予的任务而紧密联系的。因为人超越了自然，所以就能够统治世界。"① 人不再被动地接受神的旨意，或是论证既有的结论，而是具有了主动探索自然的兴趣。研究自然和考察自然的兴趣与意识的觉醒，为现代科学的产生奠定了思想前提。

（2）对自然界和生活的热爱，引发了对"经世致用"的科学的热爱。人文主义对人的价值的肯定，使得人开始将现世生活作为一种幸福来追求。由此西方社会涌现出一股清新的精神气质和乐观的生活信念：追求快乐和幸福，是人的自然本能；欲求物质和趋乐避苦的实现，也是人的本性的实现。本着为了生活幸福的态度，科学被最大限度地得到了认可，被视为对人类有用的东西，可以帮助人们更好地生活。于是人们努力学习各种有益于人生和社会的知识，如医学、解剖学等，不断探求科学真理。布克哈特曾考证说，意大利整个民族都喜爱研究自然和考察自然。这一方面反映了文艺复兴时期人们对待生活的乐观态度，另一方面说明科学最为充分地揭示了人的世俗特性。文艺复兴激起了人们对自然的研究兴趣，使得人们充满了对自由、理智的渴望，这是现代科学发展的需要。因此可以说，现代科学借助古典文化的复兴而问世了。

（3）人的发现还表现在注重对人的素质和科学知识的全面培养。文艺复兴在汲取古希腊丰富的人文知识的同时，注重对科学知识的领会和科学精神的培养。"科学和文学知识是相辅相成的，同时学习这两方面的知识可以相得益彰。有文学而无科学就会显得空泛无力；

---

① GLOVER W. Biblical Origins of Modern Secular Culture［M］. Georgia，1984：60.

有科学而无文学也会显得隐晦和暗淡无光。从某种意义上讲，一个人的文学和科学才能是相互交织的，要成为一个对未来充满智慧的人，就应当在这两方面进行修养。"①

2. 艺术与科学的耦合，为科学的发展奠定了艺术背景

文艺复兴时期艺术领域的革命是先锋与主力，而艺术的发展在一定意义上与科学具有一致性，体现了人文主义与现实主义的结合，并为科学的发展奠定了艺术背景。

艺术与科学对美的追求一致。人文主义对人性的高扬和赞美，在艺术领域表现得尤为淋漓尽致：艺术家们用绘画、雕塑、音乐及建筑等形式，抒发其对最内在的人性之美、自然之美的追求；艺术以其特有的方式，将其追求扩展到科学世界，影响了现代科学的诞生；艺术作为文艺复兴最重要的舞台，为现代科学注入了新鲜血液与新的活力，其对自由、美和和谐的追求，与哥白尼天体运行论、血液循环说和解剖学等具有价值上的一致性。"也只有在这样的人文背景下，艺术以其卓越的表现使得这两方面尽情发挥，才有真正意义上的有血有肉的丰盈的自然科学的产生，而不再是经院哲学时期的古板的逻辑的天下。"② 但丁的伟大著作《神曲》是集艺术与科学为一体的表率，如镜子一样以文学的手法反映自然界的真实情况。文中处处可见对自然界现实风光的描绘，并以此比喻自己内在的想象力。这种将人文主义与现实主义相结合的创作手法，体现了人的发现与世界发现的相得益彰。

---

① 丹尼斯·哈伊. 意大利文艺复兴的历史背景［M］. 李玉成，译. 上海：上海三联书店，1992：138.
② 杨渝玲. 文艺复兴：近代科学产生的艺术背景［J］. 自然辩证法通讯，2009（4）：6.

艺术与科学的求真精神一致。艺术领域的视觉革命，将科学的探索从书本拉回自然界。艺术领域求真与求实的精神诉求，对现代科学的产生有着极为重要的意义。体现在绘画、雕塑等艺术形式中，艺术家追求对人物、景致等刻画的逼真性；逼真性的实现则建立在细致入微的观察之上。与中世纪不同，人们不再将知识视为只能从书本获得的东西，转而从真实的自然界中获取。这一艺术表现形式的转变，被称为"视觉革命"，艺术家们由此成为自然界的目击者和自然物的模仿者，而要求精确、真实反映自然界的现实主义手法与科学的求真精神一致，二者都要求尽可能地追求自然主义的实现。"视觉艺术对于科学的发展在全部历史里其他时代从未发生过这样的效果；而这种兴趣正当科学史中最重要变化的开端，不迟不早，大约不是偶然的。"①

艺术与科学的实现方法一致。文艺复兴时期的绘画是理性的，既因为它运用正规的数学原理（如比例和透视法）来描绘场景，还因为它试图把空间是深度、时间是次序的理性宇宙观转化为艺术。观察实验和数学方法的运用，是艺术以及科学的主要手段。一方面，艺术和科学都以追求自然主义、反映现实世界为目标，而现实世界的反映则需要建立在对自然界细致观察的基础上；只有以自然界为基础来认识事物，才能实现精确和逼真的要求。另一方面，二者都以数学和经验观察为手段，达·芬奇认为绘画必须以数学为前提，才能逼真；而科学更依赖于数学语言和经验观察。文艺复兴时期艺术领域发明了科学表现技法，即人体解剖、透视画法与明暗处理等科学手段，这是将数学方法与实验方法进行结合的体现。"科学发现

---

① 　贝尔纳. 历史上的科学 [M]. 北京：科学出版社，1981：220.

出现之后，人们发觉它对物质世界的描述早已被以往的艺术家以奇妙的方式放入了自己的作品。虽说艺术家对物理学领域的现状所知甚少，但他们创造出的图形和寓意，在被嵌入后世物理学家搭起的有关物理实在的概念框架之中时，却是那么令人惊异地合适。艺术家引进的图形或符号，到后来会被证明实乃当时尚未问世的科学新时期的前驱性思维方式。"① 因此，利用数学工具和实验对感性材料进行分析整理，从而找到事物的客观规律，标志着真正的科学活动的开始。基于科学观察和实验，以数学为基础追求精确度的探索方法，成为一种新的认识世界的途径，一种新的科学的世界观。

（二）世界的发现

置身于欧洲人的世界看文艺复兴，一方面欧洲人通过欧洲古典文化的复归，看到了古代的灿烂文明；另一方面通过航海和地理大发现，看到了外面世界的精彩。由于航海时代和地理大发现从 15 世纪 80 年代开始，适值文艺复兴运动的高潮和后期，因而本书将其置于文艺复兴的框架中，作为文艺复兴时期的成就之一。

继人文主义对人的思想解放之后，航海探险和地理大发现成为人向未知世界挑战的又一壮举。一方面随着科学知识的丰富，地理知识日益普及，造船术、航海术和指南针等技术不断进步，为航海活动提供了知识前提和技术前提。另一方面，航海活动和地理大发现对科学的发展也起到了巨大的推动作用，直接地导致了现代自然科学的形成。

1. 地理大发现客观上促进了科学知识的进步。航海活动本身作

---

① 史莱因. 艺术与物理学——时空和光的艺术观和物理观 [M]. 长春：吉林人民出版社，2001：6.

为一种实践，是对已有科学学说的检验，加深了人对地球和宇宙的认识。希腊地理学家托勒密在其《天文学大成》中提出的地圆说，在文艺复兴时期为部分人相信，其中尤其是开辟新航路的探险家们；1522年当麦哲伦环球航行的完成，证明了这一学说的正确性，也为新的天文学和地理学的建立奠定了基础。此外，航海活动的开展依赖并要求知识的进步，航海探险需要大量的科学知识，如天文、地理、地图、气象及海洋等，这一方面促进了相关科学知识的进步与更新，催生了新的科学学科，如地理学、地质学、制图学与气象学等；另一方面在揭示和证实科学真理的同时，促进了工具的发明和技术的改进，有利于生产力的提高。所以，世界的发现在促进自然科学发展的同时，推动了人文学科的发展，丰富了人类的知识宝库。

2. 地理大发现从主观上激发了科学研究的兴趣，改变了思维方式。航海活动是一种冒险，在探险过程中可能会发现大自然的无数奥秘，这种新奇感的收获，大大地激励了人们对自然界的探索兴趣，成为科学活动得以进行的前提。同时，航海探险和地理大发现充分显示了人类征服自然的能力，增强了人类改造自然的信心和勇气，从而为科学的进步提供了动力。加林曾就哥伦布的航海壮举做了如下评论："哥伦布热爱大自然，他似乎天生就喜欢去寻找新的土地，新的岛屿和新的海上航线。像现代人一样，他认为一件事情、一个行动或是一个存在之物所以有意义，正在于能够证实它本身的价值。对哥伦布来说，发现是一个包含自身报偿的行为。他在日记中写道：'我们所希望的是看，是发现我能够发现的东西。'只要有人在地图上给他指出一个新的岛屿，他就想去看看。他说为了发现其他土地和了解那里的秘密，他愿意放弃一切。他最渴望的事情是扩大他的发现。在他看来，从事发现的行为本身，已比被发现的事物更为重要。"① 此为其一。再则，世界的发现引起思想观念的革命，打破了对宗教权威的盲目崇拜，哥白尼的《天体运行论》奠定了近代天文学的基础，促进了人们对于宇宙观念的改变，作为一种实践活动，它突破了既有的理论知识的界限，将人的思维方式从对权威的盲目崇拜中解放出来，形成从实际经验抒发具体而不迷信传统成见的科学精神；再如，意大利航海家亚美利哥，反驳当时普遍认为生活在热带的人都是黑人的观点，根据自己游历南美的经历，认为决定肤色的是自然和风俗等地理条件的具体特点，而非处于热带这个一般特点。这种为其发现的真实合理而做的辩解，无疑是科学精神的体现。

人和世界的发现，极为精辟地概括了文艺复兴的辉煌成就。人的发现，歌颂人性的崇高，发扬人的理智，归根到底宣扬一种民主的观念和以人为本的思想；相比而言，世界的发现则与科学更加相关，几乎是科学的同义语。

三、数学主义的普及

科学现代性的诞生始于文艺复兴，一方面得益于古典人文主义的滋养，另一方面得益数学主义的普及。文艺复兴时期数学的地位提升，且与生活联系在一起；数学主义的普及主要表现在三个方面，数学理论的复兴、数学实践的扩展以及数学方法的推广。

经历了中世纪的大翻译运动以及印刷术、造纸术的引进，古代

---

① 加林. 文艺复兴时期的人［M］. 上海：上海三联书店，2003：327.

文本的传播变得尤其迅速。毕达哥拉斯、柏拉图、欧几里得、阿基米德与托勒密等人的数学著作，出现在人文主义者的视野中，为数学的发展及科学的起飞做了前提上的准备。毕达哥拉斯主义的复兴，是科学史上极为重要的一环，约翰·洛西说："毕达哥拉斯主义倾向是观察自然界的一种方式，它在科学史中有很大影响。有这种倾向的科学家认为，'实在的东西'是自然界中存在的数学和谐。忠诚的毕达哥拉斯主义者深信，这种数学和谐的知识是洞察宇宙的基本结构的知识。"①

文艺复兴时期的数学不仅是理论上的研究，相比中世纪更加注重与实践的结合。"文艺复兴时期对于数学的新使用——不仅用来描述而且用来解释物质世界的运行——不是仅限于天上物质。贸易的增长、殖民的开始和相伴随的探险的动力，意味着类似于航海、测量和制图的实用数学技术逐渐重要起来，这吸引了领军知识分子的兴趣，并使一些较卑微的从业者提高了他们的社会地位和智力地位。"② 首先，在天文学领域，从理论和实践两方面对古代数学传统进行恢复。文艺复兴时期，天文学家一方面学习托勒密的《至大论》等，另一方面致力于测量工具的设计，如测量用的几何四分盘、计时用的直线刻度盘等。其中比较著名的有雷乔蒙塔努斯（Regiomon-tanus）、瓦尔特（Walther）、维尔纳（Werner）、第谷等。其次，在航海领域，经纬度的测量需要借助数学的力量，制作罗盘和星表等工具；制图学和测量学得到了发展，且使航海成为一门数学实践学

① 约翰·洛西. 科学哲学历史导论 [M]. 邱仁宗，等译. 武汉：华中工学院出版社，1982：18.
② 韩彩英. 西方科学精神的文化历史源流 [M]. 北京：科学出版社，2012：105.

科。最后，在绘画领域，文艺复兴时期的绘画追求对现实世界描绘的逼真性，使画家积极采用数学技术来处理绘画过程中的空间、距离、体积等问题。达·芬奇对绘画中的数学工具有极为精辟的论述，他说："绘画的目的是再现自然界，而绘画的价值就在于精确地再现。"[①]"艺术家们在他们的创作过程中，运用独特的技艺去展示自然界，他们具有与那些借助于数学、实验方法而建立起现代科学的研究者们十分相似的精神气质和研究态度。"[②]

随着数学家权威性的提高，以及数学应用领域的拓展，数学方法成为理解自然的行之有效的方法。首先，数学方法成为测量手段，测量和量化在改变知识的性质上具有重要作用，表现为从亚里士多德对事物定性的关注转变为对精确测量的关注。测量既需要严密的观察，同时离不开测量仪器。这"不仅意味着数学的实际有用性可以延伸到超越有天赋的数学家构成的社会等级，而且意味着，对物理世界的精确观察和测量的重要性逐渐被认可为对于恰当理解世界万物至关重要"[③]。其次，测量方法成为科学研究的主要方法，自然哲学家将力学等问题几何化，极大地促进了数学在科学研究中的应用，并激发了哲学家将科学问题转变为数学问题进行研究的思维和能力。

文艺复兴时期哲学的基本信念，在于探索自然界的空间结构和自然界的奥秘。克莱因认为这种基本信念的实现，要依靠数学的方法并最终达到数学的形式。因此，文艺复兴时期数学主义的普及成

---

① 克莱因. 西方文化中的数学 [M]. 张祖贵，译. 上海：复旦大学出版社，2005：132.
② 克莱因. 西方文化中的数学 [M]. 张祖贵，译. 上海：复旦大学出版社，2005：131.
③ 韩彩英. 西方科学精神的文化历史源流 [M]. 北京：科学出版社，2012：106.

为科学现代性的主要推动力量及表现形式。

四、实验主义的潮流

实验理念和实验精神，在现代科学的诞生中是不可或缺的环节，因而也是科学现代性的考察所必须关注的维度。文艺复兴时期的实验主义潮流，主要由以下三类人来推动：工匠、艺术家和工程师、哲学家和科学家；这三类人在对实验主义的认识上是依次递进的关系，工匠以其灵巧的技艺投身于对工具的完善，艺术家和工程师致力于新技术和新产品的开发，而哲学家和科学家才真正系统阐发了实验主义的真正含义。

（一）工匠的技术实践

随着中世纪的衰落和生产力的发展，小手工业者取代了农奴阶级成为社会的主要生产阶层。对劳动中获利的渴望，使他们热衷于依靠技术的提高来节省劳动力，提高生产力。于是工匠们动手劳作，实现了思想与技术、科学与艺术的结合。在这种结合的过程中，技术实践向知识学问靠拢，同时带来了工匠社会地位的提升，体力劳动也不再被视为低贱的工作。佛罗伦斯大教堂穹顶的设计和建造，就意味着工匠与数学的完美结合，这是"人类第一次证明大块石头将准确地按照数学家所说的它们将是的样子表现自己"①。此外，文艺复兴时期的外科医生如哈维，将人体视为与动物无异的"机器"，因而在一定程度上说也是一种"工匠"，其医学观察和临床试验促进

---

① PROCTOR R. Value-free Science? Purity and Power in Modern Knowledge [M]. Cambridge: Harvard University Press, 1991: 24.

了医学知识的积累和进步。

从知识社会学的观点来看，正是由于工匠们对自然现象的细微观察和科学劳作，才使近代科学不再仅仅是一种沉思或者玄思，而具备了实验科学的性质。工匠技术是科学合理性的早期来源，"文艺复兴时期的实验的伟大艺术是两种元素独特混合的孩子：西方艺术家基于将技艺的经验技能，和他们历史的社会的坚决的理性主义者雄心。他们通过将艺术提升到科学层次来为他们的艺术寻求永恒的意义，为他们自己寻求社会声望。相似地，李约瑟及直到现在的许多科学史家继续将各种形态的实验主义归于工艺或者艺术"①。工匠们带来的技术革新和工业进步，与科学的发展密不可分，正如萨顿所言："工业的需求常常对科学提出新的问题，因此我们说工业指引了科学的进步。另一方面，科学的进步不断导致新工业的诞生或者给老工业带来新的生命。"②

（二）作为知识分子的艺术家—工程师的科学劳作

在建筑和绘画领域，工程师和艺术家将实验的维度加于其理论知识和科学沉思中，从而成为将人文主义传统与工匠技艺紧密结合一起的实践者。在艺术家—工程师的视线中，自然不再是一种本质的东西，而成为可以为人的技艺所改变的材料，因此"统治自然"成为新的机械自然观支配下的口号。达·芬奇倡导一种亲自动手实践的科学态度和作风，他说："自然界的不可思议的翻译者是经验。经验绝不会欺骗人，只是人们的解释往往欺骗自己。我们在种种场

---

① HUFF E. The Rise of Early Modern Science: Islam, China, and the West [M]. Cambridge: Cambridge University Press, 1993: 90.

② 萨顿. 科学的生命 [M]. 刘珺珺, 译. 北京: 商务印书馆, 1987: 33.

合和种种情况下谈论经验，由此才能够引出一般的规律。自然界始于原因，终于经验，我们必须反其道而行之。即人必须从实验开始，以实验探究其原因。"①

秉承人文主义观念的艺术家和工程师，注重对新产品和新技术的开发，是近代实验技术的先行者，也是实验主义理念的奠基者。他们将自然与艺术、知识与实践、科学与技术之间的关系进行了联姻，使技术改进和完善的过程变为理论知识进步的过程，一方面人文主义者的科学理想在工匠的技艺实践中得以变成现实，另一方面工匠的劳作也在科学理论的指导下变得更加系统。但是由于其关注点仍聚焦于对新技术的开发，缺乏一种总体上地对理论的架构，因而还存在很大的局限性。"经验理性如果达不到在概念框架上高水平的概括性和系统性，就会相当多地保持着专业化，囿于技术和手工艺之中。"②

（三）哲学家—科学家的实验哲学

与之前的工匠传统和艺术家—工程师不同，哲学家—科学家的实验哲学具有了实验主义的真正含义。其中工具和仪器是现代科学发展的标志，对于不同的使用者具有不同的价值，如此前提到的工匠和工程师、艺术家，其对于工具的使用与明确的理性建构无关，因而不能视其为实验哲学，而只能是实验技术；文艺复兴时期的实验哲学大师，如伽利略、威廉·吉尔伯特等在望远镜、显微镜、电磁关系等上面的工具性发展，均是旨在发现关于世界和自然的新真

---

① 吴国盛. 科学的历程 [M]. 北京：北京大学出版社，2009：197.
② 巴伯. 科学与社会秩序 [M]. 顾昕，等译. 北京：生活·读书·新知三联书店，1991：41.

理。"尽管文艺复兴以来，自然科学的发展是以工具和仪器为中枢的，但是运用于自然科学研究的工具和仪器的发展，却是由关于自然知识的哲学理性或者科学理性及其发展所导引、所规定、所促成的。对于实验精神的发展，虽然我们可以将达·芬奇看作是它的第一个自觉拥护者，而且其后的发展也越来越迅速，但是实验哲学的系统化建构到伽利略时才真正地有了明确的有意识的实质性作为。"①

文艺复兴时期，无论是工匠、艺术家、工程师，还是哲学家和科学家，其对实验主义的关注都表现了对自然的亲近。"一个人真要有所创造，最好不过的办法就是回到大自然去，揭开它的每个奥秘。文艺复兴如果只是简单地回到古代，就不是一场真正的革命；远不止于此，文艺复兴是回到自然。世界原来一直像女修道院中的花园那样玲珑美丽，幽锁禁锢。突然间，它开放而成为无限的了。这一切逐渐向人们——最初人数很少——表明：世界并不是封闭的、有限的，而是无限的、充满活力的，处于永恒变化之中。无所不包的知识被推翻了，所有的道德和社会价值也都发生了变化，这是一种自然的结局。人文主义者已经为此铺平了道路，因为古代典籍的发现加强了人类的批评观念，但革命本身却只能由实验哲学家完成。"②

五、自然法术的贡献

文艺复兴时期，依然盛行的自然法术，是一种利用实物的自然力来达到所希望的特定效果的实用艺术。它旨在发现自然中所隐匿的神秘力量，如磁力，而非借助于精神中介的能力。"自然法术是

① 萨顿. 科学的生命 [M]. 刘珺珺，译. 北京：商务印书馆，1987：137.
② 萨顿. 科学的生命 [M]. 刘珺珺，译. 北京：商务印书馆，1987：68-69.

'特别杰出的宫廷科学'，它繁荣于欧洲的宫廷，尤其是在科学革命的早期。可以说，那些最早的关注自然知识的皇家研究院被组建，就是为了发展自然法术。"①

自然法术主要体现为星象学、数学法术以及深受炼金术启发的医学中，具有自然主义信念、经验主义理念及实验主义倾向。首先，自然法术信奉"痕迹"，即忠实于对研究对象的细致观察和记录。其次，在自然主义信念上文艺复兴时期的自然法术体现出向自然回归的特点。文艺复兴时期的自然法术大师如戴勒·波尔塔（Della Porta），致力于对自然做细致的观察，找出自然的奥秘，将其在实际中加以运用，并力求将自然法术变成一门合法的经验科学。从事自然法术的大师既是工匠，他们的实验室通常是工匠的工场；但他们又是自然哲学家，"就像拥有关于物质及作用于物质的力的私密知识的高超工匠一样，用哲学代替工匠的灵巧，用自然做自然本身不能做的事情"②。再次，在经验主义的理念上，文艺复兴时期的自然法术主张工匠认识论，即工匠对事物的认识方式是最理想的方式，因为他直接与事物打交道，能够获得对自然的无中介的直接经验。16世纪的帕拉切尔苏斯，是工匠认识论的积极倡导者，他认为只有与自然对象亲密接触才能获得真正的知识，即知识存在于自然对象中，只有经验通过身体和心智与对象的结合才能给出知识。最后，在实验主义的倾向上，文艺复兴时期的自然法术倡导一种工匠式劳作。德国化学家约翰·鲁道夫·格劳伯（Johann Rudolph Glauber）认为

---

① 亨利. 科学革命与现代科学的起源［M］. 杨俊杰，译. 北京：北京大学出版社，2013：102.

② EAMON W. Science and the Secrets of Nature：Books of Secrets in Medieval and Early Modern Culture，Princeton：Princeton University Press，1994：232.

只有在实验室的工作才能让人认清关于自然的知识，"只有通过炉火而不是亚里士多德，学习和研究才能够发生。炉火是一切自然艺术的正确校长"①。

在由"经院的自然哲学向科学革命那新型的、在实践方面更加有用的、更重经验的自然哲学转变的过程中，法术传统起到了重要的作用"②。首先，自然法术活动促进了实验主义的兴起。一方面，促进了学术由沉思向实践转变，因为中世纪以来的炼金术一直就是一种实验性追求，到了文艺复兴时期，法术传统从经院自然哲学向新的实际有用的科学革命传统转换；另一方面，自然法术对科学工具的创造为近代科学的诞生奠定了基础，因为在近代科学诞生之后直到 19 世纪，许多工具仍然继续存在，为技术和自然科学服务着，如炼金术士的蒸馏、凝固装置等，因而自然法术在确立以经验主义的实用态度来获取自然知识的过程中起到了重要作用。其次，自然法术活动促进了理性与经验的结合。自然法术大师通过假定的非可感的物理手段来适应自然哲学中神秘品质的各种方法，影响机械哲学新体系的发展；神秘哲学与法术体系的联系，则是对经验的理性主义综合。此外，通过效果来检验不可感知的神秘力量的存在，是实证主义的表现，促进了经验主义向实验主义的转变。再次，自然法术活动体现了科学研究的献身精神，表现在炼金术士为了试验成功的长期苦修劳作中。"在 19 世纪，所有的化学史家都承认炼金术

① SMITH P. Vital Spirits: Redemption, Artisanship, and the New Philosophy in Early Modern Europe [M]. London and New York: Cambridge University of Press, 2000: 119-133.

② 亨利. 科学革命与现代科学的起源 [M]. 杨俊杰，译. 北京：北京大学出版社，2013：103.

士做试验的那种狂热；他们对炼金术士某些具有积极意义的发现表示敬意；他们最后还指出现代化学是从炼金术士的实验室里缓慢地走出来的。"① 最后，自然法术的一个极其重要的贡献，表现为它通过自然的手段将玄妙的性质带入了自然哲学中。自然法术认为，有的物体具有玄妙力量，且能够作用于其他物体；比较典型的具有玄妙之力的事物有行星、磁力以及有些能够治疗疾病的矿石或者动植物；因为这些事物的力量是我们无法通过感官来把握的，因而被称为玄妙之力，从而被排除在传统的经院自然哲学之外；随着科学知识的进步，这些玄妙领域的事物逐渐被纳入了自然哲学的范围之内，而这正是基于自然法术的贡献。

反观文艺复兴时期的自然法术，可以说与现代科学的发展是严格划分的，主要因为现代科学体系已经建立，所以对自然法术的定位就变得清晰了。从中世纪一直到 17 世纪，自然法术与科学之间的界限并不明显，自然法术传统中那种了解现实世界的渴望，以及掌握神奇能力的冲动，激发了科学发展和运作的意志。"实验方法，特别是英国的实验方法，还有其对培根收集事实做法的重视，对于思辨理论取向的自信的拒绝，在很大程度上都来自自然法术传统。还可以看到，自然法术人士通过所设想的感受不到，却是自然的手段而把玄妙的性质置入自然哲学的努力，在机械论哲学新体系形成的过程中起到了重要作用，后者是科学革命的又一个智慧成果。"② 尽管这一观点并不为所有科学史家所接受，但是自然法术思想与现代

① 加斯东·巴什拉. 科学精神的形成［M］. 钱培鑫，译. 南京：江苏教育出版社，2006：45-50.
② 亨利. 科学革命与现代科学的起源［M］. 杨俊杰，译. 北京：北京大学出版社，2013：116.

科学之间的某种内在关联，已越来越多地为学者所认同。

文艺复兴时期的自然法术思想，对现代科学精神的培养有着重要的影响，"只有通过文艺复兴时期的魔法思想和实践的特定特征，17世纪科学革命的重要方面才能得到解释"①。"要是没有占星术的那些诱惑人心的妄想，没有炼金术的那些言之凿凿的欺骗，试问我们会从何获得必要的恒心和毅力，去收集大量的观察和经验，作为后来为这两类现象建立初步实证理论的基础呢?"② 文艺复兴开启了科学现代性的大门，数学理性及实验理性的发挥，尽管带有一定的自然魔法色彩，但是比中古时代的科学研究日益理性化和世俗化，具有了现代性的发展特色。

第二节　科学现代性的发展

文艺复兴时期的自然哲学叩开了现代科学的大门，而17世纪的科学革命，则带来了科学观念和科学方法论的变革与成型。从哥白尼、伽利略、弗兰西斯·培根、笛卡尔到牛顿，17世纪开始的科学革命为科学现代性的历史建构做出了最重要的贡献。

一、新科学精神的成长

新的科学精神，主要指科学革命带来的科学观念的改变和革新。

---

① COHEN H. The Scientific Revolution：A Historiographical Inquiry ［M］. Chicago ：The University of Chicago Press，1994：286.
② 李醒民. 科学论：科学的三维世界 ［M］. 北京：中国人民大学出版社，2010：1133.

而第一次重大的改变，就在于哥白尼革命。

（一）哥白尼的理性革命

哥白尼生活的时代，由于航海事业的发展需要精确的天文历法及测定船只的精确坐标，因而要求天文学领域的变革。哥白尼在托勒密的《至大论》的基础上，于1539年完成了其伟大著作《天体运行论》，系统论述了其日心说。其中，哥白尼首先提出太阳是宇宙的中心，地球和其他行星一样绕日运行，月球则绕地球运行。其次，他围绕日心说原则，建构了新的天体运行模型，以本轮叠加模型取代了托勒密的曲轴本轮模型。哥白尼革命带来一系列观念的变革，地球的自转和公转运动，打破了亚里士多德的绝对运动观念；宇宙中心的转移暗示了可能存在一个无中心的宇宙；恒星的静止，表明过去由恒星运动而得出的宇宙有限结论的错误。

哥白尼革命在科学史上具有重要的地位，它既是一次理性上的革命，又是一次方法论的革命，甚至还是一次美学上的革命。在对托勒密的宇宙模型进行改进的基础上，哥白尼提出了其宇宙模型：太阳处于宇宙的中心，静止不动；土星、木星、火星、地球、金星与水星从远而近围绕太阳运动；月球是地球的行星。在形成这一宇宙模型的过程中，哥白尼的不断调适充分显示了其科学家的本色：对于科学家，并不在于他所信的事，而在乎他抱什么态度信它、为什么理由信它。科学家的信念不是武断的信念，而是尝试性的信念；它不是依据权威，不是依据直观，而是建立在证据基础之上。他教人用新的眼光观察世界，对于以往信念的可靠性产生怀疑，从而影响了人们的思想和信仰。因此，哥白尼革命是一次理性上的革命。从方法论上来讲，哥白尼的工作是把天文学事实置于一个简单和谐的数学秩序当中，追求数学上的和谐和完美。因此，从毕达哥拉斯继承而来的数学天文学传统，仍然引导着哥白尼的天文学研究，且作为其理论建构基础的相对运动观，也具有极为重要的方法论意义。从美学上来讲，哥白尼的日心说相比地心说，最大的优点在于其简洁性，他将托勒密的本轮减少到 34 个，本轮和均轮都沿同一个方向做圆周运动，是对毕达哥拉斯传统追求数学上和和谐和完美的秉承。

哥白尼的天文学革命，标志着现代科学革命的起点。罗素对哥白尼的新天文学予以高度评价，认为除了其宇宙想象，还有两点伟大价值，"第一，承认自古以来便相信的东西也可能是错的；第二，承认考察科学真理就是耐心收集事实，再结合大胆猜度支配这些事实的法则"①。科恩说，哥白尼阐述的学说不是作为革命的开幕礼炮，而是唤起近代早期科学产生的一个主要力量。

（二）开普勒的天空立法

哥白尼的学说一经面世，便遭到天主教会的敌视，甚至还有一些天文学家的反对，第谷·布拉赫就是其中一位。第谷在理论上因循守旧，既不同意哥白尼体系，也不赞成托勒密的主张，但是他对天象的精确观察与记录，却是那个时代的最高水平，为以后的历法改革奠定了基础。

开普勒是第谷的科研助手，他根据第谷的观测资料，力图调和哥白尼理论与第谷的观察之间的矛盾。开普勒三大定律由火星的运动定律，推广到太阳系的所有行星，从而清除了托勒密和哥白尼的本轮和均轮，确立了太阳系的概念；所提出的行星按照椭圆形轨道

---

① 罗素. 西方哲学史（下卷）[M]. 马元德，译. 北京：商务印书馆，1976：47.

运行，以椭圆代替正圆，在宇宙学史上具有划时代意义，证明了哥白尼体系与第谷的观察数据之间的一致性，从根本上改变了天文学进程。吴国盛将开普勒称为"天空立法者"，其向近代天文学的顽强推进主要基于两方面的原因：其一，对于天文学问题的数学处理。巴伯指出，开普勒相信上帝是按几何学原理工作的，因此将宇宙视为一个数学的结构，并力图通过精确的观测和对数学关系的揭示来构建其宇宙模型。其二，源于数学和谐的因果性。开普勒认为数学和谐是构成感觉世界的基础，二者之间是因与果的关系。"真正的原因必定总是在根本的数学和谐中。因果性变成要按照数学简单性和数学和谐来重新加以解释。"①

开普勒对近代科学做出了重要贡献，其行星运动三大定律是天文学史上具有划时代意义的伟大成就，为牛顿万有引力定律的提出奠定了基础。在科学方法上开普勒基于几何学研究的基础，对天文学问题进行严密的数学处理，是"第一个在新科学特有意义上确立起自然律的科学家"②。此外，开普勒的成功还向世人展示了一个真理，那就是科学的假说必须置于观察真实的世界来进行证实；新假设的提出需要研究者耐心地对新的可能性进行试验，才能最终证明是正确的和重要的结论。罗素对此也予以了肯定。

（三）伽利略的理性主义和实验传统

伽利略是近代科学革命的灵魂人物，爱因斯坦对其科学贡献予以高度评价："伽利略的发现以及他所应用的科学推理方法，是人类

---

① 爱德文·阿瑟·伯特. 近代物理学的形而上学基础［M］. 徐向东，译. 北京：北京大学出版社，2003：47.
② 韩彩英. 西方科学精神的文化历史源流［M］. 北京：科学出版社，2012：143.

思想史上最伟大的成就之一，标志着物理学的真正开端。"① 伽利略的科学研究纲领，主要表现为对科学实验传统的创立、数学理性主义的方法论及将实验与理性相结合的科学方法。

1. 科学实验传统的创立

伽利略对于科学发现的经验主义方法的开拓和运用，"依赖于无偏见的观察，依赖于从自然展示在我们面前的事实中分辨出最重要的因素，依赖于实验验证"②。伽利略科学实验传统的创立，基于其对经验与实验两个概念的比较。"'观察'或者'从世界学习世界自然地呈现给我们的东西'，肯定不是'实验'或者'有目的地检验物理实在的某个方面'。"③ 因此，经验是物理世界对被动地接受性观察者所起的作用，一般指向可观察的结果；而实验或者检验是对假说或理论预言的主动性作用，是人们有意识、有目的地进行的活动。对于能够从中获得特定结果的自然界，伽利略的实验观念是一种有意识的检验。伽利略由于在提出科学假设和设计实验方面的超凡能力，常被誉为最伟大的实验科学家。

2. 数学理性主义

伽利略的数学理性主义，首先表现在数学是构成宇宙的本质特征，认为自然是数学的领域，自然界中存在的必然性来自其严格的数学特征。"哲学被写在宇宙这部永远在我们眼前打开着的大书上，我指的是宇宙。我们只有学会并熟悉它的书写语言和符号以后，才

---

① 吴国盛. 科学的历程［M］. 北京：北京大学出版社，2009：227.

② COHEN H. The Scientific Revolution：A Historiographical Inquiry［M］. Chicago ：The University of Chicago Press，1994：44.

③ CHARLES B. Studies in Renaissance Philosophy and Science［M］. London：Variorum Reprints，1981：118-119.

能读懂这本书。它是用数学语言写成的，字母是三角形、圆以及其他几何图形，没有这些，人类连一个字也读不懂。"① 他用这种理性来解释自然现象，将数学特性应用在原子论上，认为不可分的原子具有数学的特性，数学特性的运动变化，引起了自然现象的变化，从而从古希腊原子论中推引出其数学实在论。其次，数学成为发现的工具。伽利略的科学劳作建立在柏拉图主义信念的基础上，即认为大自然可以被认识，可以用数学来揭示，因此数学方法是其提出假设、检验假设的主要方法。他将物理问题数学化，寻找其中的数学规律，是其做出根本性发现的关键能力。最后，数学主义具有建构性。古代人认为通过数学方法可以追溯行星运动，但还仅是一种描述性的数学主义，伽利略将运动在数量上分析为时间和空间，将物理空间假设成几何王国，从而将自然界化简为可以在数学王国里运动的世界。因而，伽利略自己也承认数学方法是其科学研究的主要方法，没有这一方法，仅靠实验就无法得出惯性定律。

3. 理性与实验的结合

伽利略在对经验和实验进行区分之后，提出二者的价值毕竟是有限的，或者作为一种被动的观察结果，或者作为积极意义上的验证，都无法达到理论的进一步提升。因而他认为有必要提倡在理想化条件下的思想实验的发展，以弥补经验和实验的不足。伽利略将数学理性主义与精心设计的实验方法相结合，提出了其科学方法的三个步骤：首先通过观察，获得直观的感觉经验；其次将直观的经验翻译成数学的语言和形式，此时获得的便是纯数学的真实的构成要素；最后通过实验证实数学结果。借助于直观—数学—实验相结

---

① 吴国盛. 科学的历程 [M]. 北京：北京大学出版社，2009：226.

合的科学方法，我们就可以研究更为复杂的自然现象，并发现其中所蕴含的数学规律了。

哥白尼、开普勒和伽利略的科学劳作和科学精神，是 17 世纪科学革命强劲的科学精神的暴发。尤其是伽利略的新的方法论，体现了现代科学的精神，因而他是当之无愧的现代科学精神之父。

二、培根的经验主义实验观

培根是伊丽莎白时代的权贵，以抨击传统研究方法、提倡知识领域的变革而闻名，被誉为"现代亚里士多德""大自然的秘书"。

培根是新方法的积极倡导者和建构者，他对传统的研究方法批评极为激烈。他认为在过去的科学方法中存在着种族假象、洞穴假象、市场假象和剧场假象四种偏见。所谓种族假象，即以目的论的或者是拟人的方式来解释自然现象，如认为"人是万物的尺度"等，这往往是人类作为一个种族所共有的谬误；所谓洞穴假象，是由对某种事物或某个问题的个人偏爱而导致的，它使人过于强调个人经验的重要性，如吉尔伯特对磁感兴趣，就试图将磁作为基础来理解自然哲学；所谓市场假象，是由于语言的运用而导致的偏差，罗兰·斯特龙伯格将此形象地称为"贴标签"，他说人类都是标签癖，乐于给事物贴上一个名字，从而被自己制定的概念所误导，如对于某些没有特定指称的词汇，人们误以为这一词汇存在真实的对应物；所谓剧场假象，即接受了特定的思想体系而导致的认识偏见，因为所有的思想体系都只是理论家用很少的东西所编织的一种对世界进行表达的不真实布景，人们陷入其中势必会带来对世界的虚假认识。培根由此提出了正确的认识方法，既不能像蚂蚁一样只会做实验，又不能像蜘蛛一样只会进行推论。前者忙忙碌碌却没有目标，为单纯的经验主义；后者织功精湛却空洞无物，为单纯的理性主义。而新方法，则应当是经验主义和理性主义这两种机能的结合。

如果因此将培根理解为科学实验主义和科学理性主义有机结合的倡导者，却又是不恰当的。首先，从实验来看，在培根看来，经验与实验是包含与被包含的关系，经验有自行出现和刻意寻求之分，而刻意寻求得来的经验就是实验。培根虽然提倡积极的实验，但其实验也不过是事实的收集，既不是由假说或者理论所引导的，也不是为了检验假说或理论而进行的，因而仅仅是一种日常经验主义的实验观。其次，从理性来看，培根的理性仅仅是对经验事实和实验程序的处理，既不追求数理范式，也不追求假说建构，只是对经验事实进行归纳。"培根相信，科学就是观测结果的大量积累和分类。他坚持说，归纳是获取知识的方便途径：进行观测，总结观测结果，然后得出一般性结论。"①

贝尔纳指出："学者们似乎混淆了观察与实验的意义。如培根就把这两件事混为一谈，他说，'观察与实验视为了收集材料，归纳与演绎是为了对材料进行加工：这就是唯一的最好的智慧的法宝'。由于人们混淆了两种不同的研究技巧，即搜求事实的技巧和推理的技巧的结果，后者在于安排事实于一种逻辑的范畴内，以寻求真理。然而，无论是观察或者实验，研究中都需要同时又精神的感官的活动。"② 培根的新方法，停留在对直观知识的归纳上，缺乏先验的理性推理建构及事后的实验方法检验，因而是一种片面的实验主义方

---

① 巴伯. 科学与宗教［M］. 阮炜，等译. 成都：四川人民出版社，1993：31.
② 贝尔纳. 实验医学研究导论［M］. 夏康农，等译. 北京：商务印书馆，1991：8.

法观。但是，作为"归纳科学之父"，培根的开创性在哲学上仍具有重要影响。"培根并不是一个要想在方法上和实质上促进对自然之研究那样的人，但这无损于他在哲学上的重要性，此重要性在于他要求对一原则的普遍应用，对此原则来说，他还不能为其最直接的对象提出有用的或有成效的形式。"①

"知识就是力量"是科学现代性建构过程中的科学态度，由培根提出，是其"知识权力说"的基本内核。从科学现代性历史建构的基本历程上来看，这一学说为现代性科学的诞生营造了适宜的思想空间和社会氛围。

"知识权力说"在16世纪提出，那时科学意识开始萌芽，势必遭到旧传统和习惯势力的百般阻挠，而对阻挠势力的破除，也正是新的科学态度"出场"的意义所在。首先是宗教力量的控制。宗教力量在漫长的中世纪控制了西方社会的政治、经济、文化等领域，深刻地影响了人们的思想。宗教以《圣经》教义作为评判一切事物价值的标准，科学知识受到排斥。教义教导人们，实现价值在于对上帝的精神寄托，而不是追求知识和拥有知识，从而明确说明了宗教和科学在价值标准上的不同，并以其强大的控制力占据了主导地位；在神学家的视域中，科学是神学的奴仆，这一方面表明了对处于从属地位的科学知识的鄙视，另一方面颠倒了信仰与求知的关系；神学家为了说明教义的合理性，也经常采用理性推论等加以论证，但往往只是一种概念游戏的空谈，阻碍了以探究自然的真实原因为主旨的自然科学的健康发展。其次是古希腊学术权威。古希腊自然哲学是现代性科学的源头，但是经历了中世纪的黑暗之后，人们开

①　文德尔班，哲学史教程（下卷）[M]. 罗达仁，译. 北京：商务印书馆，1993：528.

始以谈论古代为荣。这种迷古的做法，仅限于对古人话语的重复，缺乏创新进取，违反了科学的创新之意。此外，培根认为希腊学术的弊病在于空谈，大多是对概念的辩论，没有解决问题的实际行动，因而也与科学精神相违背。

培根时代科学的萌芽刚刚破土而出，虽然其对自然现象的解释为少数人所接受，却从此为科学的传播打开了大门。培根"知识就是权力"一说的提出，是对科学知识价值的肯定，为科学地位的确立起到了推动作用。

培根将"知识权力说"解释为知识与权力归于"一"，即知识与权力具有因果上的可换性。人们掌握了知识，也就找到了事物之根本，事物便不再是一种无法控制的异己力量，而是可以控制和利用的对象。在这种意义上来讲，知识体现出一种本领与力量。从另一种意义上来讲，还表明了知识具备德性的力量。"除了知识同学问以外，尘世上再没有别的权力，可以在人的心灵同灵魂内，在他们的认识内、想象内、信仰内，建立起王位来。"①"有知识"由此成为一种新的价值尺度，为科学开创新的世界铺平了道路，如物理学知识可以是研究事物原因的开路先锋，而机械学知识则是实践中致用的技术手段等。

"知识就是力量"这一学说，"在培根时代客观上已经为现代性科学的发展寻觅到了某种外在的社会性存在根据，而培根本人对科学方法论的提倡与研索又为这种发展制定了内在的可操作性根

---

① BACON . The Advancement of Learning［M］. New York：Oxford Vniversity Press，2000：58.

据。"① "知识就是力量" 这一思想集中体现了启蒙的精神，对于反对经院哲学、建立理性信仰进而促进科学发展起了重要的作用，它引发人类作为自然主人的优越感，鼓励和证明了人战胜自然的信心和能力。但随着科学知识的不断增长，日益成为异化的根源。

三、笛卡尔的理性主义奠基

笛卡尔是近代哲学的开创者、西方现代思想和现代科学思想的奠基者，被誉为"新科学最完美的科学家"以及"第一个具有现代思想并重新架构整个哲学体系的思想家"。他与伽利略和培根不同，因为他既是体系完整的哲学家，又是真正的科学家。"培根提出了经验主义，来对付经院哲学的先验主义。笛卡尔则提出理性主义，来对付经院哲学的信仰主义。这两个人都大力提倡具体的科学研究，来对付经院哲学的形式主义。由于偏重的方面的不同，发生的影响不同，后来人们把培根的哲学成为经验主义，把笛卡尔的哲学称为理性主义。这两个名称很好地说明了他们的特点，只是很容易使人们忽略他们的共同特点，把一条战壕里并肩战斗的战友误解为互相对立的敌人。"②

（一）笛卡尔的数学理性

笛卡尔是一个出色的数学家和自然科学家，反对将真理的获得归于上帝的恩赐。他认为人们正确地运用聪明才智就可以获得；这种聪明才智，就是与信仰相对立的"理性"或者"良知"；理性或

① 炎冰. 祛魅与返魅——科学现代性的历史建构及后现代转向 ［M］. 北京：社会科学文献出版社，2009：138.
② 笛卡尔. 谈谈方法 ［M］. 王太庆，译. 北京：商务印书馆，2000：代序.

者良知的获得必须依靠正确的方法——数学方法。"在任何一门科学中，我们了解到的一切就是在它的现象中表现出来的秩序和量度，现在数学就是一般地处理秩序和量度的普遍科学。在任何科学中，精密知识总是数学知识。"① 笛卡尔认为数学是构筑科学大厦的基底，其推理的确切无误保证了科学大厦的坚实稳固。

笛卡尔不太重视实验，因而其数学理性更多地体现在其理论数学方面。他发表了关于解析几何的《几何学》，标志着解析几何作为了一种有效的新的数学工具；在解析几何中，笛卡尔最重要的发明是直角坐标系，将代数方程和几何曲线联系起来，为数学的发展开辟了广阔前景。解析几何同对数的发明一起带来了数学思维的彻底改造，为17世纪早期的科学气候的成熟做出了贡献。此外，笛卡尔的数学理性确立了人是自然立法者的地位，因为数学的精确性和可靠性在于前提的自明性和推理的准确性，所以为了追求对自然的精确认识，需要改变传统的启示观，将自然由"在者"变为经过"我思"而"科学化了"的自然。只有这样，才能保证新科学下数学推理及其处理经验材料的精确性和可靠性。

（二）笛卡尔的怀疑精神

笛卡尔的怀疑主义精神源自其所生活的时代，基督教统治的松弛，自由主义思潮的弥漫，文艺复兴和宗教改革的影响，古代怀疑主义的冲击，使得笛卡尔也尝试解决关于知识的一些基本问题。笛卡尔自己坦言，"我这并不是模仿怀疑论者，学他们为怀疑而怀疑，摆出永远犹豫不决的架势。因为事实正好相反，我的整个打算知识

---

① 爱德文·阿瑟·伯特. 近代物理学的形而上学基础［M］. 徐向东，译. 北京：北京大学出版社，2003：84-85.

是自己得到确信的根据，把浮土和沙子挖掉，以便找出磐石和硬土"①。为此，笛卡尔指出要以"系统怀疑"为起点，不能轻信任何东西，除非是绝对自明的东西。

笛卡尔梦想建立一种普遍科学或者科学的科学。这种普遍科学拥有一个确定的起点，以不证自明的第一原理为出发点，且采用无懈可击的逻辑推理，沿着真理的阶梯一步步攀登，其中这一确定无疑的起点就是我们正在思考的自我本身，即"我思故我在"的著名观点。笛卡尔渴望将其科学建筑在坚实的基础之上，为此提出了以"我的存在和思考"作为确定性的前提，然而其"我思"却又推导出了上帝的存在。因此，只有思考着的自我是自明的真实存在，其他一切都是不可靠的，都是怀疑的对象，都要接受验证和推论，这一笛卡尔的论证路线就变成了"我思—上帝—自然界"的循环路线，即从我的存在和思考到上帝的存在，而又从上帝的保障回到客观世界的确定性。笛卡尔在此论证过程中依然是受怀疑主义的引导，他认为即便我存在且有了明晰的思想，但仍有可能是错误的；我的完美明晰的观念，不可能从我的存在中产生，只能来自完美的上帝；如果没有上帝的保障，而是我从自身获得存在的确定性，那么就说明我本身就是完美的化身了，然而事实并非如此，所以上帝的存在是必需的。上帝作为秩序的保障者和世界的本原，"确保我们的科学不仅是我们建构的一组任意的符号，而且确实是大自然的语言，使我们能够借助它来窥见大自然的秘密"②。

---

① 笛卡尔. 谈谈方法［M］. 王太庆，译. 北京：商务印书馆，2000：23.

② 斯特龙伯格. 西方现代思想史［M］. 刘北成，等译. 北京：金城出版社，2012：51.

（三）笛卡尔的二元论

阿兰·图雷纳认为，现代性思想诞生时，占统治地位的不是工具理性和工具理性指导下的人类行为，更不是把理性与宗教相结合的单纯的宽容思想或者蒙田式的怀疑主义，而是笛卡尔的二元论思想。笛卡尔的二元论思想很快就受到英国经验主义者的抨击，但是后来被康德所延伸，经过两个世纪的启蒙哲学和进步论的意识形态之后，它可以告诉我们如何界定现代性。

笛卡尔认为思想才是人作为实体的本质。"我由此知道，我是一个实体，而他的全部本质或本性，只是思想而已，其存在，不需要有什么地域，也不需要有什么物质为其凭借。如此，这个我，即灵魂，是我之所以为我的理由。他和肉体完全不同，也比肉体更容易认识，而且，假使肉体不存在了，仍然不停止他本来的存在。"[①] 由此出发，笛卡尔断言"我思故我在"，推引出上帝和自然界的存在，然后又由此提出物质——心灵二元论。笛卡尔将物质区分为广延和思维，广延是物质的本质属性，如长、宽、高等可以被度量的性质，与颜色、硬度等不能被度量的性质被笛卡尔排除在广延的范围之外，认为这不是事物的基本性质，只是主观的性质或者次要的性质；思维是心灵的本质属性，和广延属于两个严格不同的领域。笛卡尔通过对广延和思维的区分，提出了对物质世界和精神世界的划分。一切物质包括生物的身体在内所处的物质世界，是一种机械的、严格受规律支配的世界；而与此相对，人的认知心灵则属于精神的世界。笛卡尔由此将物质世界视为一架完美的机器，依靠严格的定律井然

---

① 笛卡尔. 笛卡尔思辨哲学［M］. 尚新建，等译. 北京：九州出版社，2004：32.

有序地运转，作为其机械自然观的理论基础。正因为如此，科恩认为笛卡尔是17世纪的机械哲学的主要发起者。

从与现代性关系的角度看，笛卡尔二元论思想对现代性发展有着直接的影响，自然世界与上帝世界和人类世界的分离、人类拥有作为上帝之标志的自由意志、人类与大自然的关系是统治和被统治的关系等思想，都在不同的程度上促进了人类中心主义的形成，强化了人类对自然的统治意识。19世纪下半叶起，主观理性的膨胀显然严重影响了现代性的健康发展，从而引起了后现代的猛烈批判，他们将现代科学的病态发展以及人类对环境的无限索取都归罪于笛卡尔的二元论思想。

近代哲学相比古代哲学，其特色之处在于它将认识论问题放在主导地位，研究知识本身的问题。笛卡尔的普遍怀疑和"我思故我在"等理性思想，将人性从神启论、理念论以及形式论的束缚中解放出来。理性被用来认识自然和世界，在现代性的建构中发挥着重要作用。笛卡尔的理性主义唤醒了17世纪的欧洲，并将其变成一个"理性的时代"，且此后的两个世纪理性主义仍在延续。因此，笛卡尔是理性时代真正的奠基者。

四、牛顿的科学精神

笛卡尔开启的理性主义，还没有让17世纪从整体上属于理性时代，直到牛顿，理性的时代才真正形成，欧洲开始准备进入乐观的启蒙运动时期。就现代科学革命而言，哥白尼是起点，终点则是牛顿。牛顿以数学、力学和光学上的大发现而知名，代表了现代科学的基本精神，尤其以《自然哲学的数学原理》最具有革命性意义。

此书的发表，一方面彻底改变了牛顿的人生，让他从普通教授成为科学伟人；另一方面彻底改变了西方自然哲学。因为，此书展示了一种将数学、观察和思想三者紧密结合的新的哲学方式，而这在传统的西方科学中是没有过的。"它不再像是从亚里士多德到笛卡尔那样，止于对某些现象的个别解释和猜测，而是提供了切实和全面理解大自然的一整套观念、方法和结构。《原理》所辉煌和具体地展示，以及精确地验证的天体力学系统，正是这哲学无可争辩的典范。"① 如果说哥白尼的天文学革命只是改变了传统理论中的一个关键性的假设，那么牛顿的科学革命提出的则是一整套的科学观念、态度、理论和方法，因而可以说提出的是一个前所未有的知识体系。

　　牛顿将实验观察与数学演绎相结合的实验哲学的理念，体现了现代科学革命的基本精神。数学在牛顿的科学工作中占有极为重要的地位，其与莱布尼茨各自独立发明的微积分，是那个时代不可或缺的数学工具：既是科学理论的表达工具和建构工具，又是假说和命题的检验工具，帮助牛顿完成了其伟大的科学理论建构。牛顿在其书信中曾表达，数学证明给予他超乎想象的确定性，物理科学只有依靠数理科学才能获得其确定性。牛顿同意笛卡尔的观点，认为作为科学研究对象的事物的基本性质是广延，因为广延性质具有可度量性，能用数学方法来表达，由此可见数学方法在牛顿科学研究中的重要地位。在利用数学作为研究工具的同时，他注重实验验证的重要性，认为这是产生知识的根据，而清晰的逻辑和流畅的表达，只是一个学说应当具备的外在条件，还应经历实验的证实。牛顿极

---

① 陈方正. 继承与叛逆：现代科学为何出现于西方［M］. 北京：生活·读书·新知三联书店，2009：589.

为讨厌假说，在他看来没有经过实验证实的学说，只能作为一种假说，而假说的形式和逻辑无论多么诱人，都不应该被接受，也不应在科学中获得立足之地。牛顿的科学方法弥补了笛卡尔理论假设的缺陷，充分利用数学工具推理演绎，最后接受实验和经验的拷问。

牛顿将数学理性主义与实验主义的结合，意在形成一种可检验的在数学上能够精确表达的科学理论。牛顿的科学方法论建立在之前的科学方法论基础上，扬长避短。"理性与经验传统的会聚运动在17世纪产生了一种决定性的整合。弗兰西斯·培根和雷恩·笛卡尔提出了科学方法的观点，表明了一种部分的但不完全的整合。培根强调经验观察的重要性，并且承认逻辑和数学的作用，但这一作用是不充分的；而笛卡尔强调逻辑的重要性，并且承认经验观察的作用，但这一作用也不是充分的。伽利略澄清了使抽象的假说与受控实验相联系的方法论，艾萨克·牛顿爵士系统地阐述了应用这种方法论的一种令人难忘的方式——它最后成为一般科学体系的基本模式，这些宣告了在理性—经验整合上的决定性突破。"[1] 牛顿则在其科学方法论上超越了前辈，强调数学演绎的推断需要进行实验确证，从而把数学方法的理想精确性和实验方法对经验的参与性紧密结合在一起。至此，牛顿的科学研究方法论形成了三个关键步骤，简化实验现象、数学化地阐释命题和做进一步的严格实验。

伯特对此评论说："甚至最草率的牛顿研究者也会明显地看到，牛顿是一位彻底的经验主义者，就像他是一位完美无缺的数学家一样。同开普勒、伽利略和霍布斯一样，他认为我们工作于可感觉到

---

① 李克特. 科学是一种文化过程 [M]. 顾昕，等译. 北京：生活·读书·新知三联书店，1989：109-110.

的效果的原因；在对其方法的每一个陈述中，他都强调说，我们努力要证明的证实观察到的自然现象。不仅如此，他还认为，实验指导和证实必须陪伴着这个说明过程的每一步。开普勒、伽利略尤其是笛卡尔都相信世界彻底而完全是数学的，因此，不用说，用那已经臻于完美的数学方法便能完整地揭示出它的秘密，可是，对牛顿来说，绝对没有先验的确定性。"①

　　除了致力于数理科学研究，牛顿还在炼金术和神学上花费了大量精力；他在化学、生物甚至是天文物理学领域呈现出向上帝回归的特征，认为万有引力之所以普遍有效，就在于上帝的能力使然。牛顿以其自己的方式化解了科学与宗教的矛盾，使之在自己的领域内和平共处。从牛顿这一科学伟人的成功之路上，也可以看到宗教对于科学的发展具有一定的影响。

　　总结 17 世纪的科学发展史，我们可以看到从哥白尼到牛顿，科学理论之树百花争艳，在今天看来极为寻常的理论，在那个时代却只有天才的头脑才能揭示。由于天才们不按照常识的思路来思考问题，并不理所应当地认为事物就是表面上的那个样子，才有了崭新的科学理论的提出。斯特龙伯格认为，"奇幻的梦想、飘逸的想象和大胆的结论"，是 17 世纪的科学天才的"非常识"性思考方式。尽管最后的结论可能归结到一个简单的公式，但仍是多年努力的结果，如表面上简单的牛顿公式的背后却隐含了超过一个多世纪的科学天才们的努力。现代科学以实验科学的确立为标志，至牛顿为止，理性精神与实证精神的综合统一，标志着现代科学精神的突出进展。

_____

① 伯特. 近代物理学的形而上学基础 ［M］. 徐向东，译. 北京：北京大学出版社，2003：180.

五、机械自然观的确立

伽利略、笛卡尔和牛顿所创立的新的世界观，影响了17—18世纪的宇宙图像，并一直流传到我们现在的时代。新的世界图像是一种机械论的自然观，包括目的论的消失、自然界的数学化、物理世界的还原论说明以及自然界的机械图像四个方面。

机械自然观一改古代的目的论，认为科学的任务在于对世界做出精确的数学描述，而不是寻求目的论的解释，亚里士多德的目的论，在近代遭受广泛批评并被弃之如草芥，培根曾将其批判为虽赏心悦目却无法生育的女人。科学革命时期的人们，认为事物发展的终极原因是不可知的，一味追求结果只能是一事无成；现在要做的就是放弃终极目的，转向对观测进行分类和计量，从而获得关于大自然的实际原因。

要对世界进行数学的描述和计量，就需要对事物的性质进行区分。在亚里士多德那里，事物都是质料和形式的结合，而到了近代，伽利略最早提出事物的第一性质和第二性质。其中大小、形状、体积等可度量的性质是物质的第一性质，而颜色、气味、声音等是第二性质；第一性质是纯粹的量，可以用数学来处理，因而被视为实在的，或者在科学上有意义。笛卡尔提出事物的广延和思维的鲜明区分，与伽利略的两种性质有异曲同工之处，因此，新的宇宙世界观基于以下观点展现在人类面前，即由于可量度的性质是根本性质，所以事物的性质在于数量上的差异。在自然的数学化的基础上，机械自然观认为构成自然界的事物是由完全同一的微粒所构成；微粒的数量和空间排列的不同，决定了事物之间的差别；微粒位置的改变和机械运动，构成了事物的运动。

目的论的消失、物理世界的还原论及自然的数学化带来的结果，便是机械的世界图像，取代了有机的世界图像。古代哲学家倾向于用生命体来比喻宇宙，将世界视为一个有生命的整体，人与宇宙之间具有一种亲和关系，直到文艺复兴时期的人们也还认为大自然充满了神奇的力量。但是17世纪的科学却将人与物理世界分开，将世界视为一架机器。过去在人们眼里具有目的论色彩的星星、石头、花草树木，变得坚硬、寒冷且没有色彩也没有声音，大自然变得阴暗沉闷，一片死寂。机械的自然观将自然还原为机器，带来的是人们对自然认识上的变化：人们不再是怀着一颗虔诚敬畏的心，而是认为自然可以被认识和控制，只要掌握了物理世界的可度量的关系和规律，就能让自然为人类所驱使。在古代旧的宇宙秩序中，人是大自然的一个组成部分，而近代人与自然之间血脉相连的亲近感却荡然无存，这是科学的进步给予了人类支配自然的勇气和力量。

现代科学的机械论自然观使人与自然相分离，通过自然界的数学化和物理世界的还原，形成了机械的世界图像。"科学革命产生一种十分重要的心理后果：从'把世界看成一个有限的、封闭的、等级森严的整体'转变为'一个由于有相同的基本要素和发展而结合在一起的、不确定的，甚至无限的宇宙'。"[①] 对于我们生活在现代的人，机械论自然观的弊端展露无遗，我们开始怀念古代目的论自然观中人与自然的和谐。然而对于现代科学的发展来讲，这种机械论的自然观的功绩，却是现代科学得以进步的有效工具。基于此，有人对此评价说，机械论自然观是人类历史上最有益的谬误。

---

① 斯特龙伯格. 西方现代思想史［M］. 刘北成，等译. 北京：金城出版社，2012：44.

第三节　科学现代性的成熟

科学现代性在确立之后日臻成熟，尤其是 18—19 世纪的发展。18 世纪，科学知识在整个启蒙思想中具有至高无上的地位，因而在达朗贝尔将其称为"哲学的世纪"的同时，我们也可以称为"自然科学的世纪"；而 19 世纪，由于自然科学各个学科已从经验水平上升到理论水平，因而被称为"科学的世纪"。

一、启蒙理性主义与实证精神

（一）理性的科学理念

启蒙运动对理性的张扬，使得新的科学理念、科学方法和科学制度日益完备，近代科学精神得以普及和深化。启蒙运功的最伟大贡献，在于将新科学转变为一种新的世界观和生活态度。"启蒙运动是锤炼、完善、强化以及传播、普及、弘扬科学精神的运动——科学的实证和理性两大精神支柱完美地珠联璧合，并且逐渐从科学家扩散和渗透到知识界直至普通大众之中。"①

将 18 世纪前后的科学思想进行比较，就会发现二者之间并没有绝对的鸿沟。笛卡尔和牛顿、莱布尼茨等所提出的科学理论，成为 18 世纪以后新的科学理性不断发展的基础，所不同的是支配科学的

---

① 李醒民. 科学的文化意蕴——科学文化讲座 [M]. 北京：高等教育出版社，2007：228.

严格的统一性思想，在 18 世纪做出了让步，思想的重点日益从一般转向特殊，从原理转向现象。18 世纪被法国人称为"光之世纪"，强调理性是通向知识的途径，认为："理性是正确方法的关键，而理性的典范就是数学。当然，理性可以表示不同的东西。它可以指强加于不羁的大自然的秩序，可以指常识，它还可以指逻辑上有效的论证，就像数学中的论证那样。"① 启蒙运动时期理性主义的发展，主要表现为数学理性、怀疑主义及机械论世界观，卡希尔提出，"理性成了 18 世纪的汇聚点和中心，它表达了该世纪所追求并为之奋斗的一切，表达了该世纪所取得的一切成就"②。相比于 16 世纪和 17 世纪积累的科学材料，18 世纪面临空间的无限扩展和时间的无限延长，并由此发生着改变，它不局限于认识材料的增长，而在于运用理性对认识材料加以提炼和加工。

1. 数学确立了启蒙运动科学的品格

数学的特性，可以探求复杂中的简单，并透过表面上的多样性达到构成这种多样性的同一性。18 世纪将这种数学方法应用于更为宽广的领域，在 18 世纪，"计算这一概念丧失了纯数学意义，它不仅可以运用于量和数，还从量的领域侵入了纯粹的质的领域。因此，计算概念随科学概念本身一同扩展；无论何处，只要我们能把一组经验的各种条件还原为一些基本关系，从而能完满地确定这些条件，我们就可以运用计算"③。启蒙运动时期，科学的品格通过数学得以体现，启蒙思想家们继承莱布尼茨的思想，力图发扬普遍化数学的

① 托马斯·汉金斯. 科学与启蒙运动 [M]. 任定成，等译. 上海：复旦大学出版社，2000：2.
② 卡西尔. 启蒙哲学 [M]. 顾伟铭，等译. 济南：山东人民出版社，2007：4.
③ 卡西尔. 启蒙哲学 [M]. 顾伟铭，等译. 济南：山东人民出版社，2007：21.

思维模式。这种数学化思维模式将形而上学的问题和道德问题变得如数学和几何一样易于推论，"万一发生争执，正好像两个会计员之间无须互有辩论，两个哲学家也不需要辩论。因为他们只要拿起石笔，在石板前坐下来，彼此说一声：我们来算算，也就行了"①。

2. 理性用于知识确定性问题的解决

在启蒙运动中，关于人的观念的起源和发展以及认识能力的问题贯穿始终。感官的欲望与理性的结合，是启蒙理性主义在知识确定性问题上的一个重要特征，认为"只有凭借理性的力量，我们才能认识无限。理性是我们确信无限的存在，并教导我们把无限纳入一定量度和范围。人们在直观中所经验到的宇宙的无限性，使得人们在思维时必然会发现并提炼出普遍规律。因此，从思想史角度看问题，这种新自然观有双重起源，是由两种表面对立的力量造成和决定的。它包含两种冲动，一种是朝向特殊、具体和事实的冲动，另一种是朝向绝对的普遍的冲动。它既要执着于周围世界的事物，又想超升于这些事物之上，以看清它们的真面目"②。

贝克莱在解决知识的确定性问题上，采取整合经验和理性的道路，他依据经验主义观点，提出"存在即被感知"的哲学观点，因而在感觉知识的来源上他采取的是唯物主义的进路；在知识的获得与建构上，却滑向了唯心主义，认为感知理念只能在心灵中产生。在批判贝克莱的基础上，休谟提出无论是感觉还是经验，都可以被感知，"一个印象可以从感官经验中获得，也可以从记忆之类的活动

---

① 罗素. 西方哲学史（下卷）[M]. 马元德，译. 北京：商务印书馆，1976：119.
② 卡西尔. 启蒙哲学 [M]. 顾伟铭，等译. 济南：山东人民出版社，2007：35.

中获得"①。罗素认为，"经验是由一系列接续性感知所构成。除了这种接续性以外，感知之间从来不会有别的联系。笛卡尔的理性主义与洛克及其追随者的经验主义在这里存在着根本的差异。理性主义认为事物之间有着紧密的内在联系，并且坚持这些联系是可知的。另一方面，休谟却否定了这种联系，甚至还提出，即使有这种联系，我们也肯定永远无法认知它们。我们所能认知的一切只有连续的印象或理念，因此甚至考虑是否存在别的更深的联系，也是徒劳无益的"②。康德通过对先天真理和后天真理的区分，来解决知识的确定性问题，其中先天真理的真否可以独立于经验理性之外，而后天真理只能通过经验理性来证明其真。

（二）实证的科学精神

17世纪的科学革命，启动了自然科学的发展历程以及科学精神的建构历程，启蒙运动则进一步深化和普及了现代科学精神。在实证精神方面，启蒙运动时期的显著特征便是应用技术的发展，尤其是科学工具和科学仪器的发明。

从实践上来看，18世纪科学实验的影响力更为扩大。例如，18世纪的英国，拥有一种基于应用牛顿力学和技术应用的科学文化，它反复灌输实验方法、训练和重复检验的风格，并且将这些做法带到技术问题上。有了这种来自科学实践的检验和重复的训练方法，英国工程师相信自己是科学家，最起码是科学家的模仿者，他们可以从亲身实践的机器知识，毫不费力地转向应用来自力学、水静力

---

① 罗素. 西方的智慧 [M]. 崔权醴，译. 北京：文化艺术出版社，2005：244.
② 罗素. 西方的智慧 [M]. 崔权醴，译. 北京：文化艺术出版社，2005：245.

学等学科的理论；地方性科学和哲学协会更是提供了民众实践新科学的机会；民众可以定期参加诸如伯明翰的"月亮社"这样的地方文学—哲学协会的行动。

从理论上来看，启蒙时期的实验精神更为深化和普及，不仅验证或修正了以前的假说或推测，而且提出了许多基于实验的新发现和新理论。如英国化学家约瑟夫·普利斯特里和现代化学之父拉瓦锡，关注燃烧现象的化学秘密，并将观察扩展至能量守恒定律；18世纪蒸汽动力的发现是标志性成就。在17世纪中叶科学家已发现了大气压力，并能利用冷却热空气的方法制作"炉火引擎"来产生动力。后来这一技术被托马斯·纽科门的活塞驱动引擎所取代；18世纪中期詹姆士·瓦特又将纽科门的活塞上下运动改进为旋转运动，从而极大地提高了引擎的动力。

《百科全书：或由人文协会出版的科学、艺术和技艺的理性词典》是18世纪哲学精神的体现，在启蒙运动的浪潮中，通过对使用知识的宣扬，极大地促进了科学精神的传播和扩展。科学在18世纪散发的耀眼光辉，与百科全书派的积极实践密不可分，编辑此书的知识分子，是近代科学实证主义精神的代表。从《百科全书》的内容上看，本书包括诸多关于制造业的文章，如机器、采矿、造船、冶炼等。"作为一部理性词典或者对科学知识的系统陈述，《百科全书》的目标是展现所有知识的相互联系。"① 因此，从这一意义上来讲，百科全书学派的知识分子具有明显的实用主义倾向。从践行科学精神的方法来看，百科全书派多采用博物学的研究进路，如通过

① 托马斯·汉金斯. 科学与启蒙运动 [M]. 任定成，等译. 上海：复旦大学出版社，2000：172.

航海带回植物和动物的样本，由于数量庞大，便引发了物种分类问题。总之，在科学精神的传播上，百科全书派的思想和行动比科学家更具有广泛性和影响力。文德尔班提出："在百科全书派共同的思想中，一步一步地完成了从经验主义到感觉主义、从自然主义到唯物主义、从自然神论到无神论的转化、从满腔热情的道德观到利己主义的道德观的转化。理智启蒙运动的条条道路都通向孔狄亚克的实证主义。"①

　　18世纪科学现代性的发展，就表现为启蒙运动的科学精神的成长。罗素指出："启蒙运动还与科学知识的传播密切相关。在过去把很多东西都视为理所当然的地方，遵从科学家的工作现在已经成了时尚。正如在宗教领域，新教已经产生人人都应独立判断的思想一样，在科学领域，人们现在也必须亲自考察自然，而不应盲信那些陈旧学说代表人物的看法。科学的探究结果正开始改变西欧的生活。"②

二、科学世纪的立体图景

　　19世纪被誉为"科学的世纪"，西方自然科学的发展取得了空前的成就，各学科都在一定程度上实现了新的理论综合，向着现代科学迈进。

（一）19世纪自然科学领域的新进展

　　在物理学领域。首先，法国工程师卡诺在热力学领域最早进行

_____

① 文德尔班. 哲学史教程（下卷）[M]. 罗达仁，译. 北京：商务印书馆，1993：602.
② 罗素. 西方的智慧 [M]. 崔权醴，译. 北京：文化艺术出版社，2005：252.

热机研究，以提高蒸汽机的效率。他认为："研究蒸汽机极为重要，其用途将不断扩大，而且看来注定要给文明世界带来一场伟大的革命。"① 卡诺认为热力的产生，完全决定于最后能相互传递热量的物质的温度，从理论上揭示了机械能与热能之间的相互转化。这一原理本来可以导向能量守恒定律，却因为其建立在热素说的基础上而失之交臂。焦耳确信能量守恒定律，并对这一定律进行了定量分析，为热力学三大定律奠定了基础。19 世纪的热力学三大定律为人们所认同，克劳修斯、开尔文和能斯特为其提出做出了贡献。其中，能斯特从人不可能制造出三种永动机的角度，阐述了热力学三大定律，同时说明了人的价值观与自然规律之间的关系。其次，在电磁学领域，丹麦物理学家奥斯特认为，电和磁之间必然存在某种可以相互转化的关系，经过反复实验，最终得出结论：电流可以产生磁力；法拉第发现了电磁感应现象，并提出了电磁感应定律，提出了"场"和"力线"的概念；英国物理学家麦克斯韦在此基础上，赋予法拉第的电磁感应定律以数字的形式，建立了电与磁之间的数学关系。"正是由于法拉第、麦克斯韦等对于电磁现象的研究成果，导致了19 世纪 70 年代爆发的以电力为标志的技术革命和产业革命。这次技术革命不是直接来源于生产，而是来源于科学实验。"②

在化学领域。从古代的原子论，到近代的微粒说，进而到 19 世纪道尔顿的原子论，是原子论发展的里程碑，也标志着化学发展的新纪元。英国科学家道尔顿认为，物质都是由细小的难以再分的粒子组成，他将这种粒子称为原子，认为在所有化学变化中原子的属

① 阎康年. 热力学史 [M]. 上海：上海科学技术出版社，1989：90.
② 李醒民. 科学的革命 [M]. 北京：中国青年出版社，1989：234.

性不变，原子的组合方式构成了化合物的分解与化合；英国化学家汉弗莱·戴维运用电流分解化合物的元素，其工作极大地增加了19世纪已知元素的种数；后来门捷列夫绘制了化学元素周期表，将已知元素和未知元素进行简单清晰的表达。由于化学缺乏古代和近代的学科基础，因而它在近代物理学的框架之中，吸收炼金术等实验的成果，构建了其理论体系，并直接发展成为一门现代科学学科。

在生物学领域。基于医学解剖的生命学传统和物种分类的生物学传统，在19世纪均有突破，细胞学说和结构生理学，以及进化论和遗传学，是生物学和生命学领域的现代科学革命。19世纪初，人们就已经认识到细胞的存在；后来德国的植物学家施莱登和动物学家施旺提出了细胞学说，即认为生物体均由细胞构成，细胞的生发是生命的开始；19世纪法国最著名的解剖学家马让迪，以高超的解剖技术来研究生理学；其学生伯纳尔著有《实验医学研究导论》，以实验生理学为基础来研究生命现象，反对神秘活力论；达尔文的进化论，尤其是自然选择说，"不仅对生物学产生了重大而深远的影响，而且影响化学、天文学、语言学、人类学以及社会哲学和伦理学，同时也沉重地打击了根深蒂固的神创论和目的论，因而是一次不折不扣的科学革命"①。在达尔文的自然选择学说的基础上，孟德尔将实验和数学的方法运用在遗传学的研究中，对植物的杂交进行数学统计，从而阐明植物有规律的遗传现象。"正是这种特殊的科学方法使他将理性之光引入遗传学领域，照亮了这块长期漆黑一团的神秘领地。由于孟德尔像拉瓦锡将化学确立为科学一样将遗传学确

---

① 李醒民. 科学的革命［M］. 北京：中国青年出版社，1989：27.

立为科学，人们往往称他是'植物学上的拉瓦锡'。"① 然而孟德尔的发现在当时并未引起人们的关注，直到 20 世纪初被另外三位科学家重新发现其遗传定律，孟德尔的遗传学得以再次发现，才真正开辟了遗传学的新纪元。

（二）科学精神的新面貌

19 世纪具有主导性的科学成果，主要是能量守恒定律、热力学三大定律、电磁学理论、道尔顿的原子论、化学元素周期表、细胞学说、达尔文进化论和孟德尔的遗传学。与 16—18 世纪相比，19 世纪的科学思想在研究任务和研究方法上均有所不同。

首先，从研究领域的深度和广度来讲，19 世纪的科学比之前有了更高的发展。"在时间上，它已追溯到太阳系的起源；在空间上，已确立了微小原子与庞大银河系的存在；在深度上，已涉及宇宙的未来、生命的本质与起源等深奥的理论问题。这些都是牛顿时代的科学所无法比拟的。"② 其次，19 世纪所呈现的科学图景更为立体与完整，不再像以前那样仅是为人类提供关于自然界的简单孤立的投影，如说明电磁之间关系的电磁学、说明化学元素之间关系的元素周期表、说明生物之间联系的细胞学说、说明物种之间关系的进化论，以及说明自然界之间物质运动关系的能量守恒定律等，揭示了自然界各个事物的特点，及其相互之间的联系和发展历程。最后，从科学方法来看。19 世纪的科学将自然界当作一个发展的事物进行研究，而不仅是一个既成的事物。与此相联系的便是用动态的、联

---

① 韩彩英. 西方科学精神的文化历史源流［M］. 北京：科学出版社，2012：207.
② 林德宏. 科学思想史［M］. 南京：江苏科学技术出版社，2004：231.

系的观点来研究自然界。此外，19 世纪的科学从之前的收集材料转向整理材料的阶段，并从实验科学走向了理论科学，即实现了知识的积累和凝聚并使之理想化。

　　梅尔茨对 19 世纪科学知识的积累和凝缩有着深刻的评价，"19 世纪的知识积累是史无前例的。在知识的凝缩及其理想化方面，虽然它也许比不上古希腊时期力学的恢宏、意大利文艺复兴时代的光辉灿烂或者法国和英国 16—17 世纪的伟大发现，但 19 世纪的西方科学已经制定了关于知识正确方法的较为明确的观点，已经拥有了关于知识可能统一的独特概念"[①]。在 19 世纪下半叶，"主宰英国的培根哲学的狭隘精神、主宰德国的自然哲学的含糊性在本世纪前几十年中已让位于法国拉瓦锡、蒙日、拉普拉斯和居维叶等教导的比较广阔也比较严格的方法"[②]。

　　与别的时代相比，科学精神虽然是 19 世纪思想的一个突出特征，但实际上，科学构成了这个时代的主要特征，汇成了第二次科学革命的洪流，从而为 19 世纪赢得了"科学世纪"的美誉，而 19 世纪的科学发展是近代科学精神的一场最宏大、最广泛的深化与普及。恩格斯指出，19 世纪的科学发展产生了新的自然观：一切僵硬的东西融化了，一切固定的东西消散了，一切被当作永久存在的特殊东西变成了转瞬即逝的东西，整个自然界被证明是在永恒的流动和循环中运动着。

---

① 梅尔茨. 十九世纪欧洲思想史（第一卷）［M］. 周昌忠，译. 北京：商务印书馆，1999：26.

② 梅尔茨. 十九世纪欧洲思想史（第一卷）［M］. 周昌忠，译. 北京：商务印书馆，1999：255.

三、世纪之交的科学精神

19 世纪末 20 世纪初，以相对论、量子力学和放射性元素的发现为标志的第三次科学革命，主要发生在物理学领域，因而也被称为物理学革命。

19 世纪末，经典物理学已经达到高度完善和相当成熟的地步，因而很多物理学家认为：物理学大厦已经建成，后人只需要对其进行修补完善就可以了。然而物理学的上空并非晴空万里，而是出现了大量经典理论无法解释的反常事实，如以太漂移实验、黑体辐射实验等，宣告了经典物理学的危机。"经典物理学是物理学家自觉运用经典力学的基本概念和基本原理建立起来的理论体系。但是，与物理学家的主观愿望相反，经典物理学的深入发展反过来却削弱了经典力学的基础，暴露出经典力学的某些局限性。……在 19 世纪末，光电效应、黑体辐射、原子光谱等实验事实，也接二连三地冲击着经典物理学的基础，动摇了经典的基本概念和基本原理，震撼了 200 多年来在物理学中占统治地位的力学自然观。于是，出现了所谓的物理学危机。"[①] 面对新的实验事实与旧的理论之间的不符，科学家们或者故步自封，采取对旧理论的修订策略；或者对科学的发展丧失了信心。因此加剧科学危机的混乱，无法找到真正能摆脱物理学危机的道路。

19 世纪末 20 世纪初的物理学革命甚至是整个现代科学领域的革命，相比之前表现出明显的超越性的特征。经验理念和实证精神的

---

① 李醒民. 科学的革命 [M]. 北京：中国青年出版社，1989：35.

发展集中表现在物理学三大发现上。

（一）放射性元素——对物质观念的超越

19世纪，随着电学和真空研究的进步，人们对真空放电等现象的兴趣浓厚，发现了阴极管壁上的光，即阴极射线。阴极射线的发现与研究，促进了X射线、放射性元素和电子的发现。

1895年，德国物理学家伦琴在研究阴极射线的过程中，发现了一种比阴极射线穿透力更强的射线，命名为X射线。X射线的发现，使伦琴成为获得诺贝尔奖的首位科学家。它"不仅带来医学方面的效益，而且作为物理学现代纪元（通常称为微观物理学或量子物理学，以和经典物理学相区别）的第一个重大进展，是为整个一系列发现打开了大门的钥匙；而我们对物质本性的现代观点，便建立在这些发现之上"①。X射线的发现打开了一个全新的领域，从而带来了一系列冲击经典物理学理论基础的新发现，打破了经典物理学机械论的物质观及原子不可分、不可变的教条。放射性元素发现的曲折过程，也向我们展示了实践是检验自然科学理论的唯一标准。伦琴发现X射线，并非偶然，在伦琴之前，英国的克鲁克斯和德国的勒纳德都曾注意到过阴极射线，但没有像伦琴一样发现X射线。伦琴的成功主要在于其严谨的科学态度，重视实验在科学研究过程中的作用，但又不忽略实验中的偶然现象；在科学实验中具备埋头苦干精神，又具备敏锐的观察和周密的思考。

X射线的发现，开拓了一个新的研究领域，使得当时欧洲的物理学家都踏上了研究X射线的征途。法国科学家彭加勒，在看到伦

---

① 沙摩斯. 物理学史上的重要实验［M］. 北京：科学出版社，1985：242.

琴的论文之后提出设想：是不是所有能发射荧光的物质都会产生 X 射线，此设想引起当时的许多科学家争相实验证实；后来柏克勒尔也以检验彭加勒的假设为目的，却发现未经阳光或荧光照射的铀盐可以自发产生一种穿透力极强的射线，具备天然放射性现象；铀射线的发现又导致了放射性元素钍、钋、镭的发现，居里夫人在研究铀射线的过程中，逐个检测各种已知的化学元素，测试其发射性，发现钍也能发射射线，并将铀和钍称为放射性元素。且在发现钍的同一年，又发现了钋和镭两种放射性元素。

1897 年汤姆生在阴极射线的研究过程中，设计了稀薄气体的放电实验，证明阴极射线是带负电的粒子流，断定这种粒子是电极材料原子的基本构成，并且是一切元素的原子的基本构成，这就是电子。"这一发现立即为进一步的研究开辟了广阔的道路——必须把电子安放到物质的结构中去。对物质的原子论必须在这一新发现的启示下重新检验，物理学的较老分支，如物理光学、电学和磁学，形势也是如此。所有这些，都是对原子和原子核结构现代理论的伟大贡献。"[①]

X 射线、放射性元素和电子这三大物理学的新发现，在 19 世纪末的科学界，打破了人们思想中根深蒂固的原子不可分、质量不可变的神话，为科学认识开辟了一个全新的领域，"不仅引起了人们自然观的重大变革，而且作为现代科学技术革命的第一步，积累了原子能技术开发的理论武器，一下子就在机械论的物质观打开一个大缺口，原子不可分、不可变的教条彻底破产了"[②]。

---

① 沙摩斯. 物理学史上的重要实验 [M]. 北京：科学出版社，1985：263.
② 郑国基. 科学与理性追求 [M]. 大连：大连理工大学出版社，1997：89.

（二）相对论——理性思维的杰作

面对 19 世纪物理学的危机，爱因斯坦凭借经验怀疑论的武器，认识到以往将力学作为物理学的基础是行不通的。在此基础上，加诸唯理论思想的影响，爱因斯坦为构建新理论而努力。在突破了同时性和时间概念的难关之后，爱因斯坦提出了狭义相对论，这一理论体现在其《论动体的电动力学》一文中。与经典物理学的绝对时空观不同，爱因斯坦狭义相对论的新时空观，既不是绝对的，也不是经验的，而是主动去适应自然现象的。爱因斯坦在其《物体的惯性同它所含的能量有关吗?》一文中，提出了著名的质能关系式，"这篇论文是物理学中具有划时代意义的历史文献。爱因斯坦一开始就提出了两个基本原理，定义了同时性概念，导出了坐标和时间的变换理论，处理了具体的运动学和电动力学问题。……狭义相对论使力学和电动力学相协调，减少了电动力学中逻辑上互不相关的假设的数目，它对时间、空间等基本概念作了必不可少的方法论分析，它把动量守恒定律和能量守恒定律联系起来，揭示了质量和能量的统一。这是爱因斯坦的理性思维的杰作"[1]。

在狭义相对论之后，爱因斯坦将相对性原理引入加速系，认为如果在一个引力场里引入相对其做加速运动的参照系，那么事物的运动将一如在没有引力的空间里一样。1916 年《广义相对论的基础》一文的发表，被认为是广义相对论的标准版本，"广义相对论把哲学的深奥、物理学的直观和数学的技艺令人惊叹地结合在一起，它是爱因斯坦的理性思维的又一杰作"[2]。在广义相对论提出之后，

---

① 李醒民. 科学的革命［M］. 北京：中国青年出版社，1989：39.

② 李醒民. 科学的革命［M］. 北京：中国青年出版社，1989：40.

对其进行验证的实验不断涌现，其正确性和科学性被广泛传颂，从而使得其成为天体物理学和宇宙学的理论基础。爱因斯坦也被称赞为发现的不是科学的外围岛屿，而是整个科学思想的新大陆。

爱因斯坦与牛顿一样，既是伟大的科学革新家，也是伟大的科学思想家，二人的不同之处，概括来讲牛顿从根本上是一位实验者，而爱因斯坦是一位理论家。爱因斯坦的科学思想方法对科学现代性的发展具有重要意义。

（1）世界的客观性和可知性思想。爱因斯坦具有唯物主义世界观，认为那个独立于知觉之外的外在世界，才是自然科学的基础；世界在本质上是有秩序的和可以被认识的。爱因斯坦的哲学信念与怀疑批判精神的结合，促使他在科学上有了重大突破。

（2）科学的统一性和理论的和谐性思想。爱因斯坦认为纷繁复杂的自然界具有内在的统一性和和谐性，因此不但反映自然界的科学，而且由此建构的科学理论体系都应具备这种品质。

（3）科学理论前提的简单性思想。爱因斯坦吸取马赫的"思维经济"思想，提出科学理论应当从尽可能少的公理或假说出发，并通过逻辑演绎概括尽可能多的经验事实。因此，构成科学理论前提的初始项，力求简单和经济。

（4）思想实验的方法。爱因斯坦意识到用思维创立思想实验的重要性，主张在占有广泛的事实经验的基础上，用创造性的想象力将现象联系起来，进行思想实验。

（5）重视直觉和创造力的思想。爱因斯坦认为直觉在由经验上升到理论的过程中起着极为重要的作用；从特殊到一般，与从一般到特殊经历的是两条不同的道路，前者是直觉性的，而后者则是逻辑性的。

（6）对实验基础的重视。爱因斯坦重视直觉和理论思维，但也并不排斥观测和实验。

（三）量子力学——对因果性和实在性的挑战

在打破了原子不可分的神话之后，针对原子的结构，汤姆生提出西瓜模型，卢瑟福提出小太阳系模型，玻尔基于量子概念提出其原子结构理论，从而为量子力学的诞生做了思想上的准备。普朗克的量子假说和爱因斯坦的光量子假说，成为量子力学革命的先导。

为了解决黑体辐射现象带来的紫外灾难，1900 年普朗克在其《论正常光谱的能量分布定律的理论》一文中，首次提出了量子的概念和量子假说。量子假说认为，量子是能量发射和吸收的形式，且量子的大小与辐射频率成正比。尽管普朗克提出量子假说，但是由于他不想打破经典物理学的完美图景，因而顾虑重重，量子假说也就处在了犹豫不前的尴尬境地；爱因斯坦将普朗克的量子假说引入对光辐射的分析，在其《关于光的产生和转化的一个启发性的观点》一文中提出了光量子理论，后来又撰写《普朗克的辐射理论和比热理论》一文，从而找到了固体热学和光学之间的联系，尼尔斯·玻尔将量子论向前推进了一大步，他认为量子概念对原子的行为也有着不可估量的一样，1913 年发表《论原子和分子的构成》，提出原子结构模型，并用电子论来说明电子能量和动量。玻尔的理论，在当时的科学界代表了量子论发展的主流。20 世纪初，经由普朗克、爱因斯坦和玻尔发展壮大起来的量子论，被称为早期的量子论。由于它在形式和内容上仍然留有经典理论的痕迹，因而还不具备成为一个严密的理论体系的能力。后来量子力学的发展迎来了一个高潮，形成了以德布罗意和薛定谔为代表的波动力学思想，以及以海森伯、玻恩、狄拉克为代表的矩阵力学思想。

量子力学的产生带来了极大的哲学困惑。在其产生前，自然界有规律可循的，自然现象的发生是有规律的，且科学理论就是对客观规律的揭示；此后量子力学一产生便对这种决定论的因果性和实在论提出了挑战。量子力学以其独立的假设和前提，补充和扩展了经典物理学，它提出日常经验是无法理解抽象的微观世界的，颠覆了我们依靠日常经验而形成的世界观。

（四）现代科学精神的超越性特征

19—20 世纪之交的物理学革命，体现了现代科学精神的基本特征。"世纪之交的物理学革命乃至整个现代科学领域革命的发生，在很大程度上是哲人科学家之哲学革命的结果，或者说，是他们对于近代科学给予深刻的哲学反思的结果。"①

1. 实证精神的理性化

现代科学与近代科学都注重经验和实证的结合，但二者也有不同之处：近代科学更注重实验，现代科学则由经验论向理性论回摆；现代科学在经验论与理性论的张力中产生，表现出对近代科学世界观的否定，及对近代经验论和实证论的修正，在强调基于实验的经验理念的基础上，也注重依赖理性架构的实证精神。

在爱因斯坦之前，相比理性和理性思维，科学家更注重感觉和经验的力量，如李醒民教授指出："休谟、马赫等人的怀疑的经验论固然也有某种建设性作用，但毕竟是一种破旧有余、立新不足的哲

---

① 韩彩英. 西方科学精神的文化历史源流 [M]. 北京：科学出版社，2012：226.

学，这主要是因为它是一种激进的经验论。这种激进的经验论只承认感觉和经验，轻视理性和理性思维的作用，把科学仅仅视为一种收集和整理经验材料的事业。"① 但是到了爱因斯坦那里，他注重对知识进行理性的描述。爱因斯坦认为，真正的科学理论由毋庸置疑的实体和毋庸置疑的观念所构成，即感觉经验和理性逻辑，二者中理性思维更为重要，因为科学原理通常具有虚构特征。爱因斯坦否定了知识源于经验的径直性和唯一性，认为从直接的感觉经验直接走向科学原理的道路是行不通的；知识不能单从经验中得出，而是从观察到的事实与理性的虚构二者之间的比较中得出。

2. 数学成为范式

近代科学相对于古代来讲，具有革命性的转向，而现代科学相对于近代科学，更多体现的则是一种延续，尤其在数学化的意义上。加斯东·巴什拉指出："数学在当代物理学中的作用超越了单纯的几何描述的范畴。数学主义不再是描写性的，而是具有建构性。涉及现实的科学不再满足于现象学上的如何，它寻求数学上的为何。"② 数学的严密思维给予了科学思想以确定的形式，使得人类可以提出符合外部现象的推理。丹尼尔·伯努利提出物质的不可感知部分在做潜在运动的假说，来解释静止物理的压力或弹力现象；高斯凭借数学理性推算恒星在宇宙中的运动轨迹；门捷列夫按照几何次序推算出尚未发现元素在周期表中的位置。更有甚者，"纯粹的数学家，如罗巴切夫斯基、黎曼和高斯都已表明，依据不同的假设，根据曲线或双曲线，而不是直线，可以产生非欧几里得的体系，同样能够

---

① 李醒民. 科学的精神与价值 [M]. 石家庄：河北教育出版社，2001：152.
② 巴什拉. 科学精神的形成 [M]. 钱培鑫，译. 南京：江苏教育出版社，2006：2.

自圆其说。对于他们而言，这是一场逻辑游戏，结果它比欧几里得几何学更适合解释普朗克和爱因斯坦的宇宙"①。因此，数学的范式思维在 20 世纪的科学中起到了举足轻重的作用，成为一系列重大科学理论提出的关键。在 20 世纪的科学中，其本质上是数学表达式的功能性思维，不仅被坚持，而且已经完全统治了科学。

3. 理性精神的自主创造性

在现代科学精神中，理性精神的自主创造性特征极为显著，"自主对于愿望犹如判断对于信念，理性地行动即意味着按照不仅一致而且合理性的信念和愿望一致地行动"②。爱因斯坦指出："科学不能仅从经验中成长起来，在科学的建构中，我们需要自由的发明，至于这些发明是否有用，只能通过与经验对比而后验地验证。"③ 因此，现代科学中的理性精神，具备自主的，或者说是真正创造性的特征。费耶阿本德提出，科学家在发现世界秩序的过程中，从已知事实中概括和抽象出原理的思维模式，是一种真正创造性的事业。

科学现代性，以现代科学的发展为载体。从 16 世纪开始到 20 世纪初，现代科学的发展历程基本结束；此后经由相对论和量子力学的提出，以及混沌运动和生物学革命为标志的科学，逐渐呈现出了后现代的特征，迈入了后现代科学的发展时期。科学现代性至此完成了其历史建构的过程。从整个发展历程来看，科学现代性遵循理性主义和实证主义的价值标准，并奉行机械论、还原论和外在联

---

① 斯特龙伯格. 西方现代思想史 [M]. 刘北成，等译. 北京：金城出版社，2012：453.

② TAMBIAH S. Magic, Science, Religion, and the Scope of Rationality [M]. London and New York：Cambridge University Press，1990：118.

③ 派斯. 爱因斯坦传 [M]. 方在庆，等译. 北京：商务印书馆，2004：2.

系观的方法论原则，从而建构了以科学为根本现象的现代性社会。

第四节　科学现代性的失衡

科学现代性在经历了开启、发展与成熟的阶段之后，其发展的张力也体现得尤为明显。主要表现为科学现代性的功利主义倾向、科学的异化以及科学与价值的分离。

一、功利主义科学观

功利主义科学观，是近现代科学发展的产物。由于科学在社会发展中所起的作用日益强大，因而功利主义的科学观随之广泛传播，对现代社会产生了极大的影响。17 世纪的"那种功利主义的乐观主义，在两世纪以后的实证主义信念中达到了它的高峰，这种实证主义信念就是几乎对每一件事物都可以做科学研究，因此知识和征服自然必须无限制地继续下去"①。功利主义的科学观，主要表现为推崇科学在社会发展中的重要性，以及科学的工具性，这就表明了功利主义科学观的科学主义和工具主义两个主要特征。

（一）科学主义

科学主义，主要从文化的角度和认识的角度来强调科学的重要性。从本体论意义来讲，科学主义认为"科学以外无知识"，万物的

---

① 默顿. 十七世纪英国的科学、技术与社会［M］. 范岱年，等译. 成都：四川人民出版社，1986：351.

存在以科学的说明为依据和前提；从认识论意义来讲，科学方法由于其普适性和正确性而受到推崇，是唯一正确的认知方法。科学主义的产生与其处于资本主义的上升时期有关系，科学的进步使其成为反封建反神学的有力武器。尽管"科学主义"一词的最早出现是在1877年，但从其历史渊源上进行探究，培根的"知识就是力量"也实为科学主义的最初表达。培根可以说是人类思想史上首位明确肯定科学价值的人，他对科学进行了系统考察，为了打开人类认识自然的窗口还引入了归纳和实验的科学方法，并试图将这一方法应用于各个领域。这一方面凸显了培根对科学的推崇，另一方面凸显了科学方法普适性的推崇，因而表达了强烈的科学主义和工具主义倾向。除此之外，培根提出以"果实"标准来衡量哲学体系和科学体系的进步，如果科学不结果实或者结出的是荆棘，那么就要宣告它是无意义的。这更加充分地表明了培根的功利主义科学观，只强调科学的积极效用，认为科学的真正的目标，应当在于"把新的发现和新的力量惠赠给人类生活"①。后来到了笛卡尔那里，他认为科学方法的运用使得科学成为最客观实在的知识，而科学也以其确定性成为衡量一切知识的标准。之后随着现代科学的发展日新月异，科学主义的发挥也深入人类生活的方方面面。

　　总体上概括科学主义的科学观，主要有以下几个方面：首先，信奉科学知识的客观性，即科学知识的获得是运用理性和分析得来的结果，是绝对客观和毋庸置疑的东西。波普尔的世界正是这样一个物质世界和精神世界之外的客观知识的世界，不以其他任何事物的意志为转移。其次，信奉科学及科学方法的普适性。科学知识由

----

① 　培根. 新工具［M］. 许宝骙，译. 北京：商务印书馆，1984：58.

于其绝对的客观性而成为放之四海而皆准的真理，成为一切文化的基础；科学方法不但在科学领域内使用，且要推广到其他的文化领域。最后，信奉科学的价值无涉性。由于科学主义鼓吹者所信奉的科学是绝对客观的，因而关乎事实的科学便与关乎目的的价值成为"老死不相往来"的两个极端。科学主义的结果在于将科学定位为决定社会发展的主要力量，使得科学万能化，走向神坛接受各种人文知识的顶礼膜拜，同时其与价值世界的分离，也必然带来科学本身无法解除的社会危机。

（二）工具主义

科学主义针对的是科学与其他知识的关系，工具主义则针对科学自身的属性。工具主义的科学观注重科学效用的发挥，强调科学的工具价值和功利价值。一方面，工具主义将科学视为能够造福人类的有力工具，承认在人类从对自然现象的恐惧中摆脱出来的过程中，科学发挥了重要作用，认为只有科学知识才能认识和驾驭自然界。科学革命对生产力的巨大推动作用，加剧了对科学的工具价值的推崇。另一方面，在科学的众多属性中，仅将工具性视为根本属性，忽视其他价值属性，认为自然科学在向技术科学转变的过程中，每一步都与其所带来的实际效用联系在一起。科学的目标在于提高生产力和改善人类生活，除此之外别无他用，"为科学而科学"的观点被远远地遗忘在了古希腊的典籍之中。

功利主义的科学观，以科学主义和工具主义为特征，对人类社会的发展有着极其复杂的意义。它通过对科学的社会效用和工具价值的发挥，促进了科学技术的进步和社会的发展，但功利主义科学观的最大弊端也正出于此，它导致了科学与人文的分裂和对立；从科学的目的上来看，科学作为一项文化活动，除了为人类谋求福祉之外，还应以对真理的追求为目标，功利主义的科学观却是对这种"为科学而科学"的科学目的和意义的抹杀；从科学的职能上看，科学除了为社会获取物质利益以外，还担当着促进文化建设以及人和社会的进步职能，功利主义的科学观却片面强调科学的技术价值，严重地忽视了科学的精神价值，势必造成社会的不协调、不健康状态。

因此，功利主义的价值观，作为科学现代性的产物，其存在引起了科学的人文价值的缺失，及人类社会科学世界与人文价值世界的分裂。这是科学现代性带来社会危机的根源之一，也是下文即将谈到的科学现代性的另外两个失衡表现的诱因。

二、科学的异化

科学在现代思想中具有无可置疑的优越地位，以技术进步的方式对工业、农业、能源、交通产生了促进作用，同时科学对这些领域的发展也具有一种反作用。科学现代性发展至此，人们无法再将科学知识视为完全积极的，转而开始反思对科学的态度。早在 19 世纪，爱默生看到电力的广泛应用，就曾警示人类的科学技术成就未必是人类最大的受惠，可能会翻转人类的价值观念，最终将会主宰和统治人类。到了 20 世纪中叶，这种预感变成了现实：科学作用于技术，技术掌控了人类，人变成了机器；一切问题都被认为可以通过科学技术来解决，技术成为无法摆脱的噩梦；生活世界充斥着机器的轰鸣，人类所处的环境不是活生生的自然，而是冰冷的标准化世界；人与人之间、人与世界之间的联系方式也不再是生动的，只能依靠技术手段。

（一）科学的异化首先表现在科学将人类带入险境

"曾经极大减少人类生存的危险和负担的同样的科学，现在则呈现了其对人类生存的巨大威胁。"科学发展所带来的事与愿违的结果表现在：首先，科学成就带来了具有悖论意味的新的问题，例如农业和工业的发展极大地促进了生产力的提高，但也带来了生态环境的破坏。从自然环境方面来看，水源枯竭、空气污染、水土流失、温室效应等造成了地球整个生态系统的混乱；从社会环境来看，都市的过度发展带来工业事故和交通事故的频发，癌症、暴力犯罪、心理疾病等也直接或间接地与科学技术的发展联系在一起。其次，科学发展呈现出一种浮士德式的困境——新科学的发展无法预料其未来的应用，人类生活的世界犹如处在茫茫迷雾里，对于未来更多的是恐怖和不确定。"在更为普遍的意义上，在科学上尚未了解的所有相关的可变因素的复杂性——无论是在全球的环境中，还是在地区的环境中，无论是在社会体系中，还是在人类身体中——使得那些可变性的技术控制的后果无法预料，通常这种后果是致命的。"[1]如爱因斯坦发现质量和能量的等价原理，指出一种物质粒子可以转化成巨大的能量，这一方面反映了人类科学发展的伟大进步，但另一方面原子弹的产生也将人类置于自我灭绝的悬崖。最后，科学的发展带来传统价值观念的分崩离析，"人的个性似乎不断地变得模糊，逐渐在大众产品、大众传媒的影响下以及在单调乏味的、问题重重的都市化的扩展中消失了。传统的结构和价值观念正在崩溃。

---

[1]　塔纳斯. 西方思想史［M］. 吴象婴，等译. 上海：上海社会科学院出版社，2011：400.

由于技术革新无穷无尽，连续不断，现代生活备受前所未有的令人茫然失措的急遽变革的折磨。巨型和喧嚷、超量的噪声、高速和繁杂支配着人类的环境。人类居住的世界正变得像其科学的宇宙那样充满物质性。由于无所不在的千篇一律、空洞浮泛以及现代生活的物质至上主义，人类在一个被技术统治的环境里保持其人的属性的能力似乎是愈益可疑的。在许多人眼里，人类自由、人类驾驭其创造物的能力的问题现在变得越来越尖锐了。"①

（二）现代科学的发展自身遭到了质疑与围攻

现代科学的发展呈现出进步与危机并存的现象，且更多时候其成就被危机和局限所遮蔽。首先，在科学理论上，纯科学的概念遭到批判。现代科学出于"大科学"背景之下，与政治、军事、经济等密切相关，所以传统的完全中立的纯科学的存在受到质疑。"正是这种纯科学的概念现在遭到了批判，被认为是完全虚假的概念。科学思想是唯一获得世界的真理的图景；科学能够揭示自然，就像一面不折不扣地反映历史之外的、普遍的客观的实在的镜子一样，这些信念现在不仅被认为是幼稚的认识，而且是有意无意服务于特定的政治的和经济的议项，以此调动大量资源和智力，实现对社会和生态的统治。对自然环境的危害性开发、核武器的扩散、全球性灾难的威胁——所有这一切都把矛头指向对科学、对人类理性的谴责，科学如今似乎已受人类自己的自我毁灭的非理性的摆布了。"② 其次，科学乐观主义的信仰受到驳斥。科学以其巨大的成就在很多领

---

① 塔纳斯. 西方思想史［M］. 吴象婴，等译. 上海：上海社会科学院出版社，2011：399.

② 塔纳斯. 西方思想史［M］. 吴象婴，等译. 上海：上海社会科学院出版社，2011：401.

域仍然受尊敬，但却丧失了绝对的认知的可靠性，即颠覆了过去认为的世界的困境都可以通过科学发展予以解决的观念。这主要由于人们认识到现代科学的产物被证明可能是有害的，且对自然环境的破坏有目共睹，因而科学作为人类解放者的纯洁形象不复存在了。

（三）科学的异化，使人成为世界的主体而世界成为表象

在现代科学的支配下，自然受到了摆置而成为说明性对象的表象。"只有如此这般地成为对象，如此这般的是对象的东西，才被现代科学视为存在着的。换句话说，只有当存在者之存在在这种对象性中被寻求之际，才出现现代科学；相应地，当而且只有当真理已然转变为表象的确定性之际，我们才达到了现代科学。可见，存在者被规定为表象的对象性及真理被规定为表象的确定性，就是现代科学的形而上学基础之所在；而这样一种关于存在者的存在和关于真理的概念，则支配着现代形而上学的全部进程。"① 现代科学使自然成为表象的对象，而人成为表象者和第一性的主体。只有接受人的决定和支配，才能成为存在者，这是现代科学支配下的存在者的根本特征。"海德格尔认为，存在者在人的表象中的对象化意味着世界对于人来说成了人的图像。在人成为主体的同时世界成为图像，这就是现代形而上学的思维方式的基本特征。""人成为主体和世界成为图像的现代形而上学的思维方式支配着近乎荒谬的现代历史的基本进程。对世界作为被征服的世界的支配越是广泛和深入，客体之显现越是客观，则主体也就越是主观地亦即越迫切地突现出来，世界观和世界学说也就越无保留地变成一种关于人的学说，变成人

---

① 朱耀平. 现代科学的本质、基础和危机 [J]. 科学技术与辩证法，2003 (2)：38.

类学。在这里，人类学标志着那种对世界的哲学解释，这种解释从人出发并且以人为归趋来说明和评估作为存在者整体的世界。可见，以人为中心、把世界作为人认识和利用的对象的现代形而上学的思维方式决定着包括现代科学在内的整个现代文明的本质。"①

三、科学世界与生活世界的分离

哈贝马斯断言："自然科学必然会引起生活世界的非人化和现代化，进而导致生活世界意义的丧失。"② 科学现代性的展开，以及由宗教社会向世俗社会的转变，使得科学与文化领域日益分离。这是由于以物质和效率取向为目标的功利主义的现代科学观，必然会导致对人的存在和生活意义的忽视。科学现代性的发展必然呈现出科学世界与生活世界相分离的隐忧。

在科学现代性的语境下，科学世界与生活世界的分离经历了三个历史阶段。

（一）科学与生活世界的首次分离，发生在近代科学革命时期

科学史家霍尔说："正是在近代科学的兴起中，在发生在物理学中的首次科学革命中，我们发现了最早的并且也许是造成这种区分的主要动力。"③ 近代科学革命带来秩序宇宙观念的瓦解，意味着以往那种认为科学世界和真实世界是一个有序的统一体的观念不复存

---

① 朱耀平. 现代科学的本质、基础和危机［J］. 科学技术与辩证法，2003（2）：39.
② 哈贝马斯. 后形而上学思想［M］. 曹卫东，等译. 南京：译林出版社，2001：154.
③ EVERETT W. Modern Science and Human Values—A Study in the History of Ideas［M］. New York：D. Van Nostrand Company，1956：62.

在了，取而代之的是一个开放的无限的宇宙，"完美、和谐、意义和目的都要从科学思想中消失，或者说是被强行驱逐出去，因为从现在起，这些概念只是主观的东西，它们在新的本体论中没有地位。"① 如此一来，生活的价值、目的和意义就被世俗化和祛魅，科学世界开始与生活世界相分离。

　　科学世界与生活世界的分离，表现为价值在科学世界的隐退，从有机自然观向机械自然观转变，并引起科学认识论和方法论的革命。机械自然观认为，世界上的一切事物和现象可以按照机械原理，通过粒子之间的相互作用来说明，而不受人类行为的引导。机械自然观的确定性、唯物性及同质性，打破了科学与价值之间的同一性，使得价值、秩序等不再是自然实体本身固有的因素，而成为一种附加性的因素；自然实体价值的贬低及丧失，意味着科学世界与生活价值世界的真正分离。科学革命时期，认识论和方法论的革命，对物体的第一性的质和第二性的质进行了区分，将以物质、形状和运动为核心的第一性的质归为科学，而将与人的感官有关的第二性的质归到科学以外。这样做的结果，在科学与生活价值世界之间形成了隔离带，把人类的目的、价值等因素从物理世界中移除了。"认识的发展过程不再是包含着意志、感情、价值观念的活生生的成分，而只剩下赤裸裸的知性知识。认识过程中事实性与价值性的统一关系被抹杀，理智埋葬了意志，事实吞没了价值。"② 数学方法和实验方法的普及，将科学限定在可量化的硬性事实中，造成价值在科学中立足之地的丧失。

---

① 科瓦雷. 牛顿研究［M］. 北京：北京大学出版社，2003：3.
② 张书琛. 西方价值哲学思想史［M］. 北京：当代中国出版社，1998：86.

（二）18世纪启蒙运动时期，科学世界与生活世界的分离

如果说科学革命时期二者的分离还具有一定的被迫性，那18世纪的分离则是自觉性的分离。因为"18世纪是对科学充满信心的时代，这种信心的膨胀极易滋生一种唯科学主义太俗，似乎仅靠现有的科学知识就能形成世界观，仅靠科学就能使人类取得成就，因而有必要从以前各种人类活动中清除那些'不真实的''凭空虚构的''似乎毫无根据的价值'"①。启蒙运动时期科学与价值的分离，主要在于以下几方面的原因：一是科学理性彰显出唯我独尊的倾向，掩盖了价值、宗教等生活世界的光辉，生活世界的价值"被抽取了精华，以理性的方式提出，如果它可以名状，便是理性和快乐的衍生物"②。二是分析精神和分析方法，在科学领域的盛行及向其他学科领域的扩张，也加深了科学世界与生活世界的分离，18世纪对科学客观性和确定性的追求比之前变本加厉，在数学和实验方法的基础上，分析方法大行其道。"18世纪哲学不满足于把分析仅仅当作获得数理知识的伟大思想工具，还把它看作所有一般思维所必需的、不可或缺的工具。"③ 分析方法的作用，将一切带有主观和不确定色彩的价值因素，排除在科学世界之外，造就了18世纪科学和理性凌驾于价值之上、成为万物尺度的情形。

---

① 马姆丘尔，费多托瓦. 科技革命条件下科学与价值的相互关系 [J]. 自然科学哲学问题，1988（1）：25-32.

② EVERETT W. Modern Science and Human Values—A Study in the History of Ideas [M]. New York：D. Van Nostrand Company，1956：139.

③ 卡西尔. 启蒙哲学 [M]. 顾伟铭，等译. 济南：山东人民出版社，2007：9.

（三）19 和 20 世纪科学世界与生活世界进一步分离，呈现出价值的中性化

这首先是由于科学专业化程度的提高所带来的结果。科学学科专业化，必然导致科学含义的狭窄化，从而使科学更加与价值无涉。此外，职业科学家的出现，使得"科学与价值无涉"成为科学家的职业规范。"理想的科学家被看作只关心观察的正确性、推理的一致性、计算和演绎的诚实性，那些先入为主的概念、服务于特殊的目的或对一个喜爱理论的偏爱，不应当影响科学判断的冷静要旨。"①

科学世界和生活世界的分离，导致对科学的迷信及与价值的分离，科学成为一种冰冷的工具。对此胡塞尔指出："在 19 世纪后半叶，现代人让自己的整个世界观受实证科学支配……漫不经心地抹去了那些对于真正的人来说至关重要的问题。只见事实的科学造就了只见事实的人。"②

---

① Merz J. A History of European Thought in the Nineteenth Century［M］. Bristol：Thoemmes Press，2000：62.
② 胡塞尔. 欧洲科学危机和超验现象学［M］. 张庆熊，译. 上海：上海译文出版社，1988：14.

第四章

科学现代性的图景

伴随文艺复兴和科学革命的光辉而来的，是传统世界图景的土崩瓦解。现代世界的景象展现在人们面前，令人兴奋，又令人惊骇。科学现代性呈现的新的世界图景既是理性的，又是世俗的；既是乐观进步的，又是充满隐忧的。正如霍尔所言，"现代性的逻辑已被证实是一个具有内在矛盾的逻辑——既有建设性，又有破坏性。"①

第一节　理性化的世界图景

现代科学的特征，在于以理性的手段来客观准确地认识对象。理性的向度是现代性的核心，同时也是科学现代性的核心；科学现代性的发展历程，是理性战胜信仰并取得主导地位从而形成科学文化精神的过程。理性在成为科学现代性的核心之后，塑造了不同于宗教图景的新的世界图景。

---

① 周宪. 文化现代性精粹读本［M］. 北京：中国人民大学出版社，2006：52.

一、祛魅的世界

世界的祛魅，是科学现代性的首要命题，现代性的理性化过程，就是宗教控制的衰落，及新的信仰权威形成的过程。理性对于科学现代性的世界图景的塑造，主要体现为理性取代宗教权威，即在启蒙之后，以理性作为判断和衡量事物合理性的标准，取代神的意志与权威，实现真正意义上的"人的国度"。宗教等精神层面的事情，被排除出世俗生活领域，政治、经济等获得了发展的独立性；宗教仅是继续在精神领域发挥影响，不再控制政治、思想文化等领域。"现代性及对现代性的不满皆来源于马克斯·韦伯所称的'世界的祛魅'。这种祛魅的世界观既是现代科学的依据，又是现代科学产生的先决条件，并几乎被一致认为是科学本身的结果和前提。"[①]

科学现代性的理性化，主要是针对宗教世界图景的崩溃而言的。在宗教世界图景中，人以上帝的意志为意志，以上帝的启示为标准，思想上没有理性和自由可言；神具有不容置疑的地位，人世间所有的一切都要服从于上帝的命令；只有神或者基督才是人类的父亲和导师，对神的敬畏才是人类智慧的根源。所以，人类所处的世界是一个由上帝统治的附魅的世界，在那里，信仰具有优先于理性的合法性。科学现代性的理性化就是要打破神性对理性的压迫，颠覆宗教世界的文化图景。施特劳斯认为，"现代性是一种世俗化了的圣经信仰。"[②] 现代性的理性化过程，始于文艺复兴对人性的复归，肯定

---

① 格里芬. 后现代科学——科学魅力的再现 [M]. 马季方，译. 北京：中央编译出版社，1995：1.

② 贺照田. 西方现代性的曲折和展开 [M]. 长春：吉林人民出版社，2002：87.

了人的价值和尊严，肯定了现实生活的意义；宗教改革则进一步深化了人的主体性价值；启蒙运动则反对宗教迷信，将由宗教崇拜向世俗主义的转变体现得尤为明显。现代性的理性化，导致了教会在社会文化领域内的控制力的衰微或者撤退，是神秘的宗教世界图景的崩溃，又被称为世界的祛魅。"'自然的祛魅'的含义是什么？从根本上讲，它意味着否认自然具有任何主体性、经验和感觉。"①

（一）祛魅的历程

世界的祛魅，以哥白尼革命为起点，哥白尼的《天体运行论》提出日心说，否定了地心说的宇宙图景，从而引发了自然科学的革命。"太阳居于群星的中央，在这个辉煌无比的殿堂里，这个发光体此时此刻普照万物，难道谁还能把它放在更好的位置上吗？太阳被世人称作宇宙之灯、宇宙之心、宇宙一切的主宰。"② 然而，日心说不仅是对地心说的否定，同时也是对上帝和宗教权威的冲击。"自古以来没有这样天翻地覆地把人类意识倒转过来。因为若是地球不是宇宙的中心，那么无数古人相信的事物将是一场空了。谁还相信伊甸的乐园、赞美的诗歌、宗教的故事呢？"③ 这一学说后来为布鲁诺、伽利略所认同和坚持。随之而来的是人体构造理论和血液循环理论的提出，均打破了基督教创世及造人的种种臆想，日心说和血液循环理论在 17 世纪中叶为学术界所认同，标志着科学现代性的诞生。

经过开普勒和伽利略等人的科学劳作，牛顿经典力学大厦的建

---

① 格里芬. 后现代科学——科学魅力的再现［M］. 马季方，译. 北京：中央编译出版社，1995：2.
② 哥白尼. 天体运行论［M］. 李启斌，译. 北京：科学出版社，1973：33.
③ 刘大椿. 现代科技导论［M］. 北京：中国人民大学出版社，1988：5.

立，近代科学走向理论化和成熟化。到 19 世纪，能量守恒定律、细胞学说及生物进化论等重大理论成果，出现在自然科学领域。其中，细胞学说说明生物是由细胞构成的，生物虽然千差万别，但又具有着多样性之中的统一性；生物的成长是细胞分化的结果，并非外力或者神力所主导。达尔文进化论则对生物的选择性和适应性做出了解释，从而摧毁了神学的创世说和目的论，给神学以致命的打击，对世界的解释权威至此发生了转移，从神学转移到了科学。科学成果，拨开了笼罩在自然界上的神秘面纱。

尽管在实现了自然的祛魅之后，上帝仍然存在，但其地位一落千丈。人类在理性的支配下，走入了科学现代性所支配的祛魅的世界，而引领自然祛魅的科学现代性，成为前现代与现代之间的转折点。阿格尼丝·赫勒说："现代性是这样一种社会格局，在其中，是科学而不是宗教行使着基本世界解释的职能。这是前现代社会格局的本质和现代性的本质之间的最主要区别之一。我要补充的是，如果科学没有成为支配性的世界解释，技术想象不可能支配现代幻想。"①

（二）祛魅后的世界

科学现代性对世界的祛魅，表现为对事物真相的描绘。科学现代性自产生之日起，便影响了人类知识的形成，并塑造了一个不同于以往的世界——以完美机器、终极粒子和纯粹客体的形象存在。

1. 科学现代性将世界视为一部机器

现代科学采用一种理性的、精确的机械主义思维来思考自然界，

---

① 奥斯本. 时间的政治——现代性与先锋［M］. 王志宏，译. 商务印书馆，2004：5.

探索世界背后隐藏的规律性，这被弗雷德里克·费雷称之为"完美机器"的理想。这与希腊目的论和有机论的世界观是不同的，"希腊自然科学以目的论方式为主以实物的目的性说明世界。目的论的前提是把世界设想为一个受最高目的支配的有机整体，这最高目的可以是内在于世界本身的，也可以是神灵通过创造从外部加之于世界的。这种解释事物方式的特点是只关注事物的最终目的，而并不考虑事物的运动或发展过程。"① 希腊自然科学是万物有灵论与目的论，中世纪随着基督教的兴盛而向上帝创世说转变。中世纪已经出现了机械的制造与使用，因而"上帝之于自然就如同钟表匠或水车设计者之于钟表或水车"②。中世纪钟表得以发明和使用，人们认为自然就如同钟表一样，由齿轮所连接，并由"自然法"所推动而运转，因此有了将自然视为一部机器的观点，这也是机械主义自然观形成的萌芽。

现代性科学进一步揭开了自然的神秘面纱，将客观世界视为一部庞大精密的机器，将机器的运转极致作为宇宙运动变化的基本原理。在机械论自然观那里，自然并不是神秘的东西，有如机械一样可以被认识；是与人无关的一种存在，与价值、意义等无涉。科学现代性将自然视为机器来研究和控制，从而导致了韦伯笔下的自然的解咒和祛魅。

2. 科学现代性将世界还原为终极粒子

终极粒子，通常是事物成其自身的根本，它既能代表存在本身，又是存在物的存在方式，其性质决定了事物的性质，除此之外皆为

---

① 王南湜. 近代科学世界与主客体辩证法的兴起［J］. 社会科学战线，2006（6）：1.
② 柯林伍德. 自然的观念［M］. 吴国盛，译. 北京：北京大学出版社，2006：9.

表象。因此，只有确认和掌握终极粒子，才有可能理解以终极粒子为基础的复杂事物的特性。

对终极粒子的寻找，体现了还原论的思想。还原论思想，是西方自然哲学中一种极为重要的思维模式，古希腊从泰勒斯开始，追溯世界的本原时，所采用的就是一种朴素的还原论思想——以终极实在解释自然本原和万物始基。原子论的提出，更深刻影响了西方科学的探索历程，始于中世纪的机械论的世界观，认为自然中的事物都是以微粒的形式所存在的；近代由伽利略、笛卡尔开始，在认识自然事物的时候，将其进行机械式的分解，直到看到其最后的物质微粒组成，从而对庞大复杂的事物进行量化研究。这就是还原论的方法论，"还原论把整体分解为部分，把高层次存在回归到低层次存在，以此方法找到万事万物的统一的、最基本的构成要素和运行规律。还原论表现为一种科学研究的方法，但实质上是一种科学研究的方法论，也就是对科学研究的合理性、可信性的基本前提的规定。"①

3. 科学现代性将自然界作为纯粹客体

脱离主观世界的藩篱，追求规律和精确，是现代科学的理想。从笛卡尔对主客进行二元分化开始，自然界成了完全脱离主观的纯粹客体。科学认识是对客体信息的获得，"认识的真理性取决于人对客体的符合程度。"② 主客体的对立一方面否定了古代以来的神话、宗教等神秘因素的影响，具有积极意义，另一方面，对规律性和控

---

① 贾向桐. 现代性与自然科学的理性逻辑［M］. 北京：人民出版社，2011：27.
② 炎冰. "现代性科学"与"后现代科学"之概念勘元［J］. 自然辩证法通讯，2006（2）：41.

制性的追求和关注，也必然带来责任感的缺失，或者可以说，责任感变成了追求规律和精确的牺牲品。"受纯粹客体理想的影响，精神和行动的后果变得无足轻重了。"① 这一观念的最大影响体现在现代人与自然的关系上，为了获得对自然的控制，操纵客观对象，人们随心所欲地滥砍滥伐，开发资源，带来生态环境的极大破坏，走在了异化世界的边缘。

二、数学化的世界

与古典科学相比，现代科学的不同之处在于它的数学特征，因为科学现代性的发挥形成了一个数学化的世界。

（一）现代科学的数学特征

海德格尔通过将现代科学与古代、中世纪科学进行比较，总结出现代科学的特征在于其事实性、实验性以及测量性：古典科学注重概念，现代科学注重事实；古典科学位理论知识，现代科学为实验知识；古典科学为定性科学，现代科学为定量科学。古典科学以朴素实在论作为指导原则，注重意义和概念的清晰性，为了说明一个对象所采取的方式是通过对可得到的材料的直接概括；现代科学以数学作为详细说明对象的工具，对数学结构的把握优先于对概念和意义的清晰。由此在现代科学这里，数学不仅作为一种理论化方法对概念基础进行阐释，而且作为一种形式化方法不断丰富和完善科学认识的组织形式。

---

① 格里芬. 后现代科学——科学魅力的再现 [M]. 马季方，译. 北京：中央编译出版社，1995：26.

现代科学之所以以数学为特征，主要基于以下原因：首先，数学通过创造一种观念对象，将世界的时空特征观念化，使得多样态的直观世界实现了真正意义上的客观化。其次，数学提供了现代科学发展所需要的理论语言和工具。现代科学自诞生之日起，便摆脱了日常经验的束缚。它所要求的明确性和清晰度，使得数学这门语言成为理所当然的科学语言。在物理学家发现宇宙是按照数学语言书写的之后，数学既可以用来表示理论，又可以作为一种有效的推理工具用来探求理论。其三，数学是认识世界的普遍方法。数学通过测量和实验来获得精确的结果，即对客观世界的认识，然后再将这一结果应用于日常经验当中。"借助于纯数学和实践的测量技艺，我们能够对一切在形体世界中已这种方式伸展的东西做出一种完全新的归纳的预言，即能够根据已知的、被测定的、涉及形状的事件，以绝对的必然性对未知的、用直接的测量手段所达不到的事件作出计算。"① 最后，数学可以指导人们的行为。数学对实验的规划和记录，使得实验控制具有了可读性，与不用数学相比，这种控制更加精确和可靠，从而使得实验活动和科学行为处于可确定的轨道上，对超出日常经验的理性予以指导。

在现代科学那里，数学被委以普遍性的任务。数学性与事实性和实验性一起构成了现代科学的基本特征。

（二）现代社会的数字化生存

科学的发展带来了物质财富的积累与闲暇时间的增多，同时带来了人的生活方式和行为方式的改变。现代社会步入了数字化生存

---

① 胡塞尔. 欧洲科学危机与超验现象学 [M]. 张庆熊，译. 上海：上海译文出版社，1988：39.

的时代，是一个由计算机控制的机械化的时代。在这里，借用尼葛洛庞帝"数字化生存"的概念，用来指称科学现代性的理性化世界图景之下的社会生存方式。

数字化生存，是现代社会的主要生存方式。尼葛洛庞帝将数字化生存解释为人类在虚拟空间中的信息传播、交流与交往行为。得益于计算机网络的建构，人们在虚拟空间所进行的交往活动等，带来了人的行为方式的变革，如 Email 的流行、网上购物等，为人们的交往和生活状态提供了多种可能性，带来了极大的便捷。数字化生存时代的主要特征，首先表现为精确性，这是数学的本质所决定；其次表现为可重复性，现代科学将社会变成了可计算、可控制的机械工厂。数字化生存方式的这两方面特征，塑造了一种新的世界图景。

首先，依靠计算才能生存。现代科学通过对自然的数学化，带来了一个祛魅的世界，为人类控制自然对象的努力提供了知识基础，然而离开了数学以及科学仪器的精密性，现代社会的人们感到无所适从。古代那些富有个性化的生产和生活经验，如农耕技术、中药配方以及手工业技艺等，无法为追求精确的现代人所理解；倘若没有精确的温度和湿度、质量和比例等，现代人即使面对同样的原材料也无法动手来完成。因此，在现代社会，生活经验被数字所掏空，个性化和独特性消失，取而代之的是只能依靠精密的计算和仪器才能行为的人。其次，标准化的生活逻辑。现代社会的人们不仅用数字来规定衣食住行的标码，衡量学习的结果和效率，测度经济发展的指数，而且用数字来设计和测量智商、情商，甚至是心理健康。数字侵入了社会生活的方方面面，包括意识和潜意识层面。因此从某种意义上来讲，数字和标准成为现代社会人们的"面相"。最后，经验感受的钝化。数字化技术的进步打破了时间的单向性，借助各种先进的摄影和录像技术，情景还原得以实现，如在几百年后人们照样可以欣赏艺术家们的表演。但这种欣赏使人们难以找到身临其境的激动，感觉被钝化，经验被冲淡。"按照技术理性的一般逻辑，标准化和定量计算意味着规范合理、确实可靠，但是它的无度蔓延不仅导致了超验价值体系的崩塌，而且也反过来掏空了人的经验感受的具体内容。道理很清楚：若一味在数量化的基础上寻求实在感，则实在感也就势必演化成抽象的数量符号。"①

处于数字化社会的现代人，尽管表面看起来似乎能够掌握自己的命运，但是数字和标准化逻辑，却将他们放置在了流水生产线上。随着数字游戏取代道德教化，终极关怀被消解，现代社会因而成为一个没有思想和感觉的时代。

三、价值的退隐

自然的祛魅最早意为"非神性化"，将神性这一外在的存在排除出对自然的理解。达尔文认为在科学的发展过程中，诸如"神的还是人的自由活动都必须从我们的世界观中驱除"②，韦伯进一步扩大了所谓"魅"的范围，即一切神秘力量。按照这种逻辑，现代科学必须建立在唯物论的基础上，既要排除非唯物因素对科学认识的影响，又不允许对唯物主义之外的事物进行研究。带来的结果，就是

① 张凤阳. 现代性的谱系［M］. 南京：南京大学出版社，2004：275.
② 格里芬. 后现代科学——科学魅力的再现［M］. 马季方，译. 北京：中央编译出版社，1995：4.

现代科学一方面提高了生产力水平，为人类创造了物质文明，另一方面导致对世界价值和意义问题的摒弃。

价值和意义在科学世界的退隐主要表现在两个时期：

（一）近代科学革命时期

科瓦雷认为，近代科学革命的变革之一就是将价值从科学中清除了出去，主要原因在于科学革命时期宇宙观念、自然观念以及科学方法的变革。首先，这一时期宇宙观念从秩序宇宙向天体宇宙转变。传统的秩序宇宙观念认为宇宙是有限和有秩序的，处于宇宙之间的天上世界和地上世界是不同的，不能用单一的标准来衡量；现代科学带来的天体宇宙观念认为宇宙是无限与开放的，由于物理学的存在使得天上世界和地上世界都按照自然科学的规律运行，不再有各自的目的和价值。因而自然和世界的目的、价值和意义被听任剥夺掉了。其次，这一时期的自然观由有机自然观向机械自然观转变。机械自然观认为世界是按照力学模式和机械原理而结合的原子构成的，这就从本质上消灭了物与物之间的差别，简单、单调的机械隐喻成为塑造自然的模式，差别、个性与意义荡然无存。最后，这一时期的数学——实验科学方法，用量的描述代替质的描述，用精密的测量代替补充理性的分析，突出了现代科学的形式化、客观化和确定性，挤掉了价值在科学中的立足之地。

（二）启蒙运动时期

这一时期对科学的客观性和确定性的追逐，相比之前有过之而无不及。更值得提及的是理性分析和实证精神的扩张，导致了价值在科学世界的虚无；实证和分析方法在自然科学中的运用，直接将主观的、不确定的因素挡在了科学的大门之外。不仅如此，这种方法还被运用到其他的学科领域，一切都要接受自然科学的实证分析的考验，从而将价值因素的东西彻底地否定掉了。"当科学渐渐被当作精神文化的唯一范畴、当科学理性的方法被当成政治、道德、社会的最终仲裁者时，我们失望地看到，价值已经被湮没在科学理性的喧嚣中。在科学方法的剪裁下，所有的质的概念被还原为量的概念，人类丰富多彩的意识层面被简化为千篇一律的符号或公式。这势必会带来价值存在的真空。"①

　　科学现代性的理性化，导致了价值和意义在科学世界的退隐，一方面塑造了单向度的社会，另一方面给伪科学带来可乘之机。首先，科学现代性对科学技术的推崇导致了单向度的社会。科学在引领社会破除迷信、走向理性的过程中发挥了生力军的作用，但是之后自己却走上了神坛。由于科学技术的进步实现了物质生产的高效率和人们生活水平的大提高，使得科学及其支配下的机器成了最有效的工具，现代人单纯地按照机器思维行事，完全忽略了自由和价值。马尔库塞将之批判为单面的思想或者单向度的人，"产品灌输、控制并进一步促进一种虚假意识，这种意识不因自己虚假而受影响；而且，随着这些有益的产品对更多社会阶层的个人变为可得之物，它们所携带的训诫就不再是宣传而是变成了一种生活方式。它是一种美好的生活方式——比从前的要美好得多，而且作为一种美好的生活方式，它抗拒质变。一种单面思想与单面行为模式就这样诞生了。"② 其次，科学对世界的祛魅给伪科学以可乘之机。随着自然科

---

① 庞晓光. 科学与价值关系的历史演变 ［M］. 北京：中国社会科学出版社，2011：150.

② 马尔库塞. 单面人 ［M］. 左晓思，等译. 长沙：湖南人民出版社，1988：10.

学明确清晰的理性特性的发挥，现代人致力于"循着自然科学的启示来弄清人类社会的内在规律，并据此行动，最终将社会生活从杂乱无章的状态待到像经典力学所描述的那样一种井然有序的状态"①。自然科学的巨大成功为人文科学等树立了榜样，于是在现代社会，任何事物都欲求与科学二字相联系，只要冠以科学之名，就具有了合法性基础。社会学家将人类生活和历史也置于科学的统治之下，力求将人类从感性中解放出来，过上理性的生活，如孔多塞就用自然科学的方法来打理人文科学，将自然科学方法进行人文移植，在人文科学的研究中辅之以大量的数据、公式和数学符号。如此的后果便为各种伪科学的出现提供了温床，恰如波普尔所言，"所有科学都建立在流沙之上。"②

科学现代性的理性化特征导致了世界的祛魅，去除了笼罩在事物智商上的神秘光环，让事物呈现出其原来的面目。随着世界的祛魅，现代科学的发展，一步步将自然转变成为一个自足的非人格的机械系统，与此同时，也带来那些终极的、高贵的价值和意义的消失，从此支配现实社会的就只剩下科学计算了。正是针对科学现代性的这一悖论，后现代科学致力于承认科学的附魅性，主张科学的返魅。

---

① 张凤阳. 现代性的谱系 [M]. 南京：南京大学出版社，2004：213.
② POPPER K. Conjectures and Refutations [M]. London：Routledge，1962：34.

第二节　世俗化的世界图景

现代性的胜利在某种意义上来讲就是现代科学的胜利，因为社会中的一切标准"让位于物质和心理机制的所谓科学认识，让位于物质交流和话语交流方面那些不成文的非人为规则的所谓科学认识"①。西方现代性总的趋势和基本进程是其世俗化特征，即宗教文化权逐渐衰退，而世俗文化权，如科学、哲学等逐渐独立并兴起。因此，世俗化是考察西方现代性的主要视域，在科学视域内，世俗化的现代性同样导致了新的世界图景。

一、追求世俗的幸福

能够对自由和世俗幸福追求和确认的世界，是科学现代性的世俗化特征的积极表现。理性与自由，是科学现代性最为光辉的成就，尤其是对自由的追求，体现了现代西方文化的典型品格。这主要通过与中世纪宗教世界图景的比较得出。

中世纪的宗教世界观，从自由观和幸福观两个方面对人的自由形成压抑。首先，从自由观上看，上帝处于至高无上的地位，人在上帝面前没有任何自由可言。上帝可以对人类救赎，但要通过教会的力量才能实现，从而把人的精神权利牢牢控制在教会手里。其次，从幸福观上看，中世纪的教义告诫人们获得救赎的方式是离群索居，

---

① 史忠义. 现代性的辉煌与危机：走向新现代性 [M]. 北京：社会科学文献出版社，2012：99.

关注来世，幸福只存在于彼岸世界，与现世无关，从而打击人们对现世追求幸福感的希望。在中世纪的宗教世界观中，自由和幸福是彼岸的花朵，但是如果不能借助教会的力量，人甚至不能遥远地观望到这种幸福的希望。因而人被牢牢地束缚在教会的铁笼中，不能有任何违背教义的行为，幸福和自由无从谈起。

但在文艺复兴和宗教改革之后，沉闷的宗教世界图景被打破，彼岸的自由幸福之花在此岸开放了，随着科学现代性之主体性的一步步展开，自由的程度日益增强。这主要表现在以下三方面：

（一）追求自由的现代性格

现代性的典型特征，就是个人从传统囚笼中摆脱出来，获得自由和解放。从文艺复兴对人的发现开始，"个人主义、世俗化、强调意志、兴趣和动机的多元化、富裕创造性的发明、乐于拒斥对人类行为的种种传统限制，这种精神很快就传遍了整个欧洲，形成现代性格的基本轮廓。"① 个人身份从中世纪基督教的禁锢中挣脱出来，成为一个冒险的天才。人抛弃了教皇关于远离世俗、禁欲守贫的命令，转而辛勤劳动，投身于各式各样的社会活动，充分享受个人劳动所带来的富裕生活。

随着科学现代性的进一步展开，这种对个人自由的追求，日益将个人推向社会的价值中心，形成了现代的精神气质：以捍卫个人权利为基本立足点的正义，以实用性和效益为出发点的智慧，以互惠为前提的忠诚，以利润为目标的勇敢，以自我实现为宗旨的虔敬。

---

① 塔纳斯. 西方思想史［M］. 吴象婴，等译. 上海：上海社会科学院出版社，2011：257.

（二）世俗幸福的积极确认

在冲破了中世纪禁欲的大门后，由个人自由所确认的幸福追求，不再是超验和彼岸的，而是感性和现世的。这种注重现世生活的世俗价值取向，以追求生活的幸福感为前提，将自然作为观察、认知和改造的对象，促进了自然科学的发展。但"在后来的历史演化中，对现世感性幸福的追求有两个主要走向：一是追逐财富、积聚资本的功利谋划；一是寻觅新奇、张扬自我的个性表现。贝拉称前一个走向为功利型个人主义，称后一个走向为表现型个人主义。它们构成了现代自由生活的两种基本样态"①。由此带来了科学现代性之下的功利追求和个人价值的发扬。此外，在文艺复兴中发端、在启蒙运动中确立的个人自由原则，倡导个人生活方式的多元化，认为人既然拥有至高无上的价值，有独立的思考、判断能力和自我实现能力，就应当尊重个人对自己生活的设计和规划，即尊重各式各样的个性发挥。主张同一和无差别是现代社会的反叛，多样化的生活和与众不同的展示才是现代社会幸福和快乐的源泉。

（三）宗教精神的改良

在中世纪的禁欲大门被攻开后，宗教精神由"出世"变为"入世""上帝应许的唯一生存方式，不是要人们以苦修的禁欲主义超越世俗道德，而是要人完成个人在现世里所处地位赋予他的责任和义务。"② 宗教虽然仍主张抑制享乐主义，但开始承认勤劳致富的价值正当性，科学现代性的世界图景使得宗教世界图景由此跌下神坛，

---

① 张凤阳. 现代性的谱系 [M]. 南京：南京大学出版社，2004：16.
② 韦伯. 新教伦理与资本主义精神 [M]. 北京：生活·读书·新知三联书店，1987：59.

改头换面以适应现代社会的发展。宗教精神的这种更新主要体现在禁欲主义的矫正上，相比之前的全方位禁欲，现代性的禁欲主义主要从珍惜时间、诚实信用、克勤克俭等方面寻求在现代社会生存的合法性。正如韦伯所形容的那样，禁欲主义作为教会意图控制和恐吓人的枷锁，本想试图驯服世俗的人和生活，却被世俗生活的染缸变了颜色。

作为科学现代性布展的实际载体，西方社会的现代生活图景和样态，呈现了一幅与传统时代截然不同的世界图景，除了上述之外，还有政治和经济上的表现，如平等、自由、民主、法制等。"如果对这个系统的现代性特征加以概括，那就是：拆除宗教框架，立足此岸场景，对世界给出理性解释；高扬个人权利，强调主题自决，寻求自然欲望的公开排释和物质利益的正当追逐；以世俗生活为路轨，使政治—法权的自主与经济—市场的自由衔接补充，最终将所有生活领域都变成自然运作的此岸体系。"①

二、技术统治的世界

现代科学的发展导致的物化的世界，是科学现代性世俗化的又一图景。基于与前现代社会的对比，世俗化的社会还表现为科学技术统治下的社会。

前现代与现代世界的主要对比，体现在前者是宁静的，而后者是充满噪声的。生活在旧世界的人，听到的是日常的话语声、婴儿的啼哭声、鸡鸭的叫声，以及风声雷声、歌声或者钟声；生活在新

① 张凤阳. 现代性的谱系 ［M］. 南京：南京大学出版社，2004：52.

世界的人，听不见这些前现代的声音，因为它们被没入了机器的轰鸣声和汽车的马达声。每个时代都有噪声，这是毋庸置疑的，旧世界人们可以寻找清静之地，躲避噪声；但是现代社会的噪声却无法避开，因为机器轰鸣是人类社会在运转的象征。所以，前现代的宁静与现代的噪声之间的差异，体现了前现代科学的世界图景与现代科学世界图景之间的差异，本质则为基于经验知识的前现代技艺与基于科学的现代技术之间的对比。喧嚣的现代社会是技术统治下的社会，技术社会指技术在社会中的控制性地位突出的社会，以对技术或者工具的崇拜为主要特征。随着科学技术的发展，现代社会的每个角落都打上了技术的烙印，不仅如此，"我们的个人习惯、理解方式、自我概念、时空概念、社会关系、道德和政治界面都被强有力的重构，而这种力量就是技术。"① 与前现代社会相比，技术社会有着以下特征。

（一）技术社会是技术远离生活的社会

前现代社会是经验技术的社会，技术的使用取决于人的日常生活的需要，通常诞生于人的日常生活之中。工匠作为最主要的技术人员，谈不上对科学的理解和应用，技术的创造依靠经验的积累，现代技术社会则不然。首先，技术创新所依靠的力量发生了改变。从古希腊开始到工业革命之前，科学与技术是分离的，科学家不懂技术，技术人员也不懂科学，因而技术的创造和改进主要依靠的是工匠生活经验的积累，科学所起的作用极其微弱；工业革命之后，科学和技术的结合日益紧密，科学家对科学知识用于制作器物和提

---

① ELLUL J. The Technology System［M］. New York：Continuum，1980.

高生产效率的兴趣极为浓厚；在现代社会，科学知识是促进技术创新的根本力量。其次，技术的取向发生了改变。前现代社会的经验技术是一种感性的经验技术，出于工匠的兴趣和爱好，旨在解决日常生活中的具体问题；现代社会的技术则更多地关注生产率的提高、劳动时间的缩短和劳动成本的节约等与利润相关的因素。最后，技术诞生的场所不同，这是由于前两个因素的改变所引起的。前现代社会的技术通常诞生在工匠的日常生活中，而现代技术的诞生则在实验室，因为现代技术作为科学的技术，受制于理性的科学活动，需要有大量的科学知识、精密的科学仪器来支撑。因而，现代技术只能诞生于受到严格规范的实验室。

由技术的主导力量和追求目标的改变可以看出，与前现代相比，现代社会的技术不仅仅是一种以利润为取向的"资本的技术"，而且是一种时时受到科学理性所支配的"科学化的技术"。这种以利润为导向的"科学化的技术"，在其产生之初就已经割裂了技术世界与生活世界的关联，从而带来了现代技术社会的危机。

（二）技术社会是单向度的社会

技术给人带来了物质财富的增加，使得人不再为了衣食住行而担忧，然而一旦物质财富成为追求的目标，也就打破了社会物质和精神追求的平衡。马尔库塞在对现代性现象反思的过程中提出，现代社会的技术理性渗透至人们的日常生活中，成为一种支配性的力量，造就了"单向度"的人和社会。

首先，科学技术成为新的政治统治形式。马尔库塞指出："在发达的工业文明中盛行着一种舒适、平稳、合理、民主的不自由现象，这是技术进步的标志。"① 技术进步使得技术理性扩张到政治领域，成为政治统治的工具，如此一来，原本应是改善人们生存环境的科学技术，反而成了压抑人的工具。"一切社会关系变成了单一、片面的技术关系，个人自由的理性变成技术理性，社会协调并统一了人的生产、消费和娱乐，排除了一切对立或反抗的因素。这样，科学进步造就的是单向度的社会、单向度的人和单向度的思维方式。"② 其次，技术控制了人的需求和思维。人的真实需求和虚假需求本来应该是人的自由自主的决定，但是在现代工业社会，技术以其强大的力量实现对人的虚假需求的满足，如以广告的形式来实现强迫消费。个人需求由此受制于由技术所支配的外部力量，不再是个人本身能控制的。尽管社会的发展使得这些需求貌似是人的必要和真实需求，但实质上仍是社会所强加于人的，一旦这种虚假需求具有了在现代社会的"合理性"，人的人生需求就趋向了单向度或者一体化。此外，现代技术对人的全面操纵和控制，使人丧失了自由思考的能力，人只能被动接受电视、报刊、广告等思想的灌输，不再去思考、批评和斗争，从而形成了单向度的思维模式。

技术理性在政治领域取得合法性之后，向人们的生活领域和文化领域扩张，使人和社会的发展受到阻碍，导致了"物质丰富、精神痛苦、自由丧失"的单向度的生活状态。

（三）技术社会是异化的社会

技术异化，指技术的创造物反过来成为压抑和控制人的力量。

---

① 马尔库塞. 单向度的人 ［M］. 张峰，等译. 重庆：重庆出版社，1988：3.

② 陈爱华. 试论马尔库塞科技伦理观的内涵与价值 ［J］. 东南大学学报（哲学社会科学版），2000（3）：21.

技术本应是对人的创造力及实践的肯定，是满足人的愿望的手段，但是在异化状态下成为支配人类的外在力量，导致了人的自由的丧失。技术的异化，对自然和人都有消极影响。

首先，现代技术的发展使得人控制自然的能力大大地增强。人凭借技术向自然索取更多的资源，同时将大量的废弃物排入自然，一方面带来了资源的匮乏，另一方面带来了生态系统的严重破坏。因而技术理性的扩张反过来对人造成了制约，人类的生存环境被恶化。其次，技术对人的影响主要表现为削弱了人的主体性。一方面，技术使得人成为技术系统的一个环节，人只能在技术的预订菜单上选择功能，从而导致了人在技术面前的从属地位；技术带来的机器生产，使人成为从事单调的机械活动的片面的人，影响了人的全面发展。另一方面，且随着通信技术的进步，世界成为紧密联系的整体；人与人之间的距离既是被拉近了，同时也是被拉大了；人与人之间的交流由面对面，变为面对冰冷的技术工具，生活世界的人性化丧失，人的主体性被技术所抹杀。

技术的异化，改变了现代社会的生存方式。在古代社会，人们依靠自然界所提供的资源和自身本能而生存，是一种自然生存的方式；到了现代，随着科学技术的飞速发展，自然生存无法满足人们日益增长的物质文化需求，开始转向了技术生存。这本是无可厚非的。但是对技术的过度依赖，使得技术走向了异化，对现代社会的自然、社会和人产生了消极影响，技术由工具向控制力量的角色变化，导致了技术本质的异化和现代社会的异化。

（四）技术社会是风险的社会

虽然风险自古有之，但是随着现代性和科学技术的发展，现代社会的风险具有了新的本质变化。现代社会的风险是对人类整体的、潜在的和不可感知的威胁，其不确定性和危害性远远超出计算范围；其作为推动社会发展、给人类带来福祉的力量，也是给社会带来风险的主要原因。

技术发展带来了巨大的自然和社会风险，导致了社会技术与价值之间的断裂，引发了技术与伦理之间的鸿沟。从自然层面看，技术的发展导致了人类的自然风险，主要是技术的运用所带来的对自然和人类的生态威胁；从社会层面看，乌尔里希·贝克的风险社会理论就是基于这样的现实，"各种后果都是现代化、技术化和经济化进程的极端化不断加剧所造成的后果，这些后果无可置疑地让那种通过制度使副作用变得可以预测的做法受到挑战，并使它成了问题。"① 我们今天所面临的生活世界的危机，是由科学技术的物质力量对生活世界施加作用而产生反作用的结果。

科学技术占主导力量的社会，为社会带来了福祉，同时改变了自然的面貌、人的生活方式和思维习惯，形成现代社会的生存危机，因为正是象征技术威力的机器轰鸣，将一个宁静的世界带向了充满噪声的喧嚣的世界。

三、科学的社会化

科学的社会化，是科学现代性世俗化的积极成果之一，主要表现为科学的建制化以及科学的产业化。

---

① 贝克. 自由与资本主义［M］. 路国林，译. 杭州：浙江人民出版社，2001：125.

（一）科学建制的成熟

1. 学科独立

近现代科学的发展呈现出向宏观和微观发展的趋势，随着科学研究的深入，科学研究总体领域扩大，并又向各个专业衍生细化。科学的专业化趋势，在 19 世纪体现最为明显，主要倾向在于学科独立，且日益精确化和严密化。物理学、化学、生物学等专业形成了研究规范，且各自的学科体系日益成熟完善。其中，物理学突破了原有的天文学和力学领域，扩大至热学、电磁学、光学等领域；化学和生物领域分化出生物化学、物理化学、生物物理学、分子生物学等众多独立的专业领域，并具有各自的专业术语；尽管学科林立，但是数学又将各个学科联系起来，使得物理和化学建立起一座和谐一致的大厦，主要原因如丹皮尔所言，在于"把动力学的实验与数学方法推广到物理学和其他学科，而且在可能的情形下，应用到化学和生物学中"①。

2. 学会和期刊

中世纪末，科学研究仍秉承古希腊的传统，基本以个人研究为主，处于社会建制化的初级阶段，但学者之间互通书信，开始原始的学术思想交流。17 世纪科学团体的出现，不但实现了科学研究场所、规模的社会化，把科学活动从单纯个人研究发展到集体、社会范围，而且实现了科学研究过程的社会化，科学交流在科学研究、科学应用中的作用越来越重要。其中，学会是科学知识交流的最主要渠道。科学学会和社团的出现，使得科学从原始的个人研究兴趣

---

① 丹皮尔. 科学史［M］. 李珩，译. 北京：中国人民大学出版社. 2010：215.

发展到社会范围之内，并成为一项社会性活动，这就为科学研究场所、规模的社会化以及科学研究的社会化准备了条件，是科学社会化和体制化的重要环节。文艺复兴后期，较为著名的科学组织有意大利的猞猁学院和西芒托学院，许多科学家在此集会、交流科学经验，对科学的发展起到了极为重要的作用，"这些学会开了专业化的先河，科学正变得足够专业，以至成为一种职业工作。"① 1663 年英国皇家学会的成立，被认为是最早的为官方认可的科学家组织，标志着该科学活动的初步体制化；1666 年法国科学院的设立，标志着职业科学组织的建立，因为不仅设有专门的研究机构，而且政府给予了资金经费的支持；后来德国科学学会实验室制度的建立，使得科学研究学院化、自由化，标志着科学体制化的完成。

其次是科学期刊。"任何重要的科学实验和文章在欧洲大陆上刚一出现，就以这种方式报告到皇家学会。当科学家们旅行时，他们发现他们在其他国家为人所知并为人所研究。这些学会出版了最初的科学期刊，其中现在仍可以读到的是皇家学会的《哲学会刊》，他们出版由他们自己的会员和外国同行撰写的科学书籍，我们可以回想一下，正是皇家学会的催促下，牛顿才第一次发表了他的新发现，而他在许多年前就已做出了这些发现。"②

3. 职业科学家

职业科学家的出现有着现实原因，一方面在于"科学之所以能够在它的现代规模上存在下来，一定是因为它对它的资助者有其积

---

① 伯纳德·巴伯. 科学与社会秩序 [M]. 顾昕，等译. 北京：生活·读书·新知三联书店，1991：63.
② 伯纳德·巴伯. 科学与社会秩序 [M]. 顾昕，等译. 北京：生活·读书·新知三联书店，1991：63.

极的价值。科学家总得维持生活，而他的工作极少是可以立即产生出产品来的。科学家有独立生活资材或者可以依靠副业为生的时代早已过去了"①；另一方面在于科学的专业化的促进。所谓职业化，指受过某种专门教育的人以从事该领域内的工作作为维持生计的手段，且该工作有为社会所认可的过程。

古代从事科学研究的人主要是哲学家的技术人员，没有专门的科学家，被称为"哲学家"或者"学者"，他们是包揽哲学和科学研究领域的全才。虽然从文艺复兴开始，科学家的社会角色的最初雏形开始出现，但直到18世纪，所谓的科学家都并非把科学研究视为其本职工作，而是将科学研究活动视为一种业余爱好，神职人员、医生和贵族等仍然是科学的中坚力量。中世纪以来的大学中的教师和艺术家是科学家的雏形，因为"一旦把大学教师所具有的学术传统和实验研究与探索精神结合起来，就会实现真正的现代意义的科学研究，也就是科学角色的形成"②。真正意义上的科学家职业的出现，是在法国科学院的成立，科研人员既有了从事科研活动的团体，而且从政府获得科学基金和工作报酬，实现了科学家角色的最终形成。与古代不同，学者们大多只是在某一领域内有所建树，成为精通个别专业领域的专家，如数学家、化学家、物理学家等，因此科学研究者不再具备一个更具有普遍性的名称。直到1833年，英国哲学家、数学家惠威尔，在英国科学促进协会会议上，提出用"科学家"一词作为从事科学研究的人的总体称谓。19世纪"科学家"一词的出现，说明科学家成为一个新的知识群体得到了社会的认同，

---

① 贝尔纳. 科学的社会功能［M］. 陈体芳，译. 北京：商务印书馆，1982：46.
② 刘珺珺. 科学社会学［M］. 上海：上海人民出版社，1990：117.

同时也说明科学已经同哲学分离，变成一项单独的事业，从此科学家"在一切科学活动中均处于核心地位，扮演着发明者、预测者、阐释者、综合者、批判者、评价者、传播者、教育者、组织者、管理者、实践者等等角色，发挥着中心作用"①。

同之前相比，科学家的职业化通过迅速生成和传播新的科学知识，大大加速了科学的发展；科学的专业化和职业化，在一定程度上又影响了科学的大众化，一方面，专业化使得科学研究成为一项只有接受过专业训练的人才能理解和从事的活动，普通大众无法轻易参与其中，另一方面，由于科学的专业化要求以科学专门教育为前提，因此平民大众只要接受专门教育就可以步入科学家的城堡，从而打破了贵族的科学垄断。

综上所述，现代科学在本质上是实验科学，随着实验科学的日益复杂、精密，科学家自筹经费、自造仪器变得不可行。此外，个人无法像以前一样自主把握科学发展的方向，因此只有专业化和社会化才能承担巨大的耗资，才能提供实验场所和仪器设备，才能完成科学的定向研究。得以建制的现代科学，不再是纯粹的求知行为，而是一种具有社会意义的活动。科学的发展与科学教育、科学研究的专业化和职业化，共同为"科学时代"奠定了基础。

（二）科学的产业化特征

根据约翰·齐曼的观点，科学在经历了现代的建制化的模式之后，走进了学院科学的发展时期。所谓学院科学，"是一种文化，是一种复杂的生活方式，是一群具有共同传统的人们中产生出来的，

---

① 李醒民. 科学家及其角色特点 [J]. 山东科技大学学报（社会科学版），2009（6）：3.

并未群体成员不断继承和强化"① 的科学形式。学院科学是科学的相对纯粹的形式，通常由科学家个人或较小的组织基于对科学真理的追求而独立完成。学院科学仅仅平静地走过了百余年的时间，随着科学的高度专业化和科学工作者的高度职业化，后学院科学悄悄地占领了科学研究的阵地。

后学院科学产生于学院科学，因而继承了学院科学的某些特征，但是其认识差异也足以表明后学院科学是个异质的概念，作为知识生产的一种模式，与之前具有根本性的不同。首先，表现在它的集体化特征，即科学研究规模的扩大，研究课题规模及经费的扩大；其次，是它的增长极限化，这主要是针对后学院科学研究经费和人员队伍的庞大而言的；最后，是科学的政策化，即科学研究日益依赖政府的支持。除此之外，学术界和产业界的紧密结合，是学院科学向后学院科学转变的最根本特征。后学院科学以"大科学"为特征，因而依赖政府或企业的投资，如此研究的评价标准不再是科学价值，而是商业价值。只有能迅速带来巨大商业价值和经济效益的科学研究，才能吸引投资者的眼球，科学研究的经费依赖于企业界，而企业界的偏爱在于商业价值，因而后学院科学将学术界与企业界紧密地联系在了一起；科学家只寻找有产业效益的课题，基础科学的研究坐上了冷板凳。因此，现代科学的产业化特征之所以是普遍现象，并不是科学发展的应有之义，而是科学现代性下人们对世俗利益的追逐所致的一种不平衡现象。

后学院科学的产业化特征，对传统的科学规范形成了挑战。在

---

① 齐曼. 真科学 [M]. 上海：上海科学技术教育出版社，2002：31-32.

学院科学时期，科学工作者生产知识、传承知识，进行纯粹的科学研究，形成的是一个"学问的共和国"。美国社会学家默顿对此提出了"科学的精神气质"以规范科学研究行为，包括普遍主义、公有主义、无私利性和有组织的怀疑态度。普遍主义主张科学面前人人平等，科学工作者不应当因为种族、国际、宗教、社会地位等因素而受到排挤；公有主义认为科学发现是社会所共有的财产，应当为社会共享；无私利性要求科学家的人品正直，将科学真理的追求和科学研究本身作为目的，而不应当是其他利益；有组织的怀疑主义要求科学研究过程中要批评、质疑和同行评议，从而保证科学成果最大限度的准确性。这四条原则为学院科学的发展提供了稳定的社会环境，然而在后学院科学时期受到了严重的挑战。

　　通过研究我们可以发现，普遍主义和怀疑批判的态度仍继续为后学院科学所继承，矛盾主要集中在无私利性上。究其原因，归根到底还是由于后学院科学的产业化特征所导致。从科学自身来看，后学院科学与产业相联系，科学知识通常能够带来实用价值和物质利益，因而无论是资助者还是科学家，都希望从科学研究中得到物质上的回报，在这里，科学知识成为一种社会产品，是谋求利益的工具；从科学机构来看，今天大多数的情况下，即便是最学术的科研机构，没有经费的支持也是举步维艰。因此，既不能要求科学研究不涉及利益，也不能要求科学机构和工作者不考虑利益，真正的无私利性在后学院科学这里是行不通的。

　　尽管如此，科学的精神气质并没有因为后学院科学的产业化特征而消亡，在今天仍然作为一些科学领域的信念被遵循着，我们所要做的也不是颠覆这样一种科学规范，而应当是完善。尽管基础科

学研究在后学院时代并不景气，但是依然要进行，因而在这个领域
应当发挥默顿科学精神的规范作用；在产业科学领域，则应当形成
对科学研究的价值引导和伦理规范。

第三节　进步的世界图景

现代科学自诞生之日起，便处于不断运动发展的过程中，其在
本质上呈现出进步的态势，而这种态势是连续与革命的结合。

一、科学与科学现代性的进步

科学在竞争中成长起来，因此只有进步才能避免被淘汰的命运。
"科学进步包括科学知识体系的进步、科学研究活动（明显的是科学
方法的进步）的进步和科学社会建制的进步，但是人们谈论最多的
还是知识体系的进步，尤其是科学理论和科学思想的进步。"[①] 科学
进步具有多种特征。

首先，科学进步具有整体性。"科学本身就是一个整体。也就是
说，各门学科之间存在千丝万缕的联系，往往牵一发而动全身，从
而形成一个有机的网络。某门学科未取得突破，其他学科也每每面
临'山重水复疑无路'的困境和尴尬。某门学科的突飞猛进，常常
会使其他学科随之'柳暗花明又一村'。"[②] 所以一门学科的进步不

---

① 李醒民. 科学论：科学的三维世界 ［M］. 北京：中国人民大学出版社，2010：1171.
② 李醒民. 科学论：科学的三维世界 ［M］. 北京：中国人民大学出版社，2010：1173.

代表整个科学的进步，科学进步是一个整体性的概念。

其次，科学进步的路径具有多元化。科学的发展并非只有一个方向，也并非只有一条道路，科学进步的整体性决定了科学进步是在各个学科同时展开的，而且在同一学科，有着不同的研究领域；在同一研究领域，也存在着各式各样的研究进路。因而科学进步并不是一个单线性的活动。

其三，科学进步的成果具有不确定性。这并不是针对每一项具体的科学进展来说的，因为根据所得到的科学理论人们是可以语言某些观察结果或者实验结果的，譬如根据一项科学理论，人们可以预言基于此理论的具体的技术突破。但是这一科学理论将会带来什么样的科学观念的更新，这是无法断言的。

最后，科学进步具有无终止性。进步即意味着不断地超越，科学进步不断解决已有的问题，同时不断产生新的问题，因而它是一个没有终点的活动。科学本身就不是静止的活动，而是一项动态的活动，科学进步更是如此，如果有了终点和结束，就不能称其为科学进步了。

现代科学自诞生之日起便踏上了科学进步的轨道，开始了日复一日的更新与发展。科学的进步带来了科学现代性世界图景的进步化，这种进步化的特征首先表现在与古代的神话世界和中世纪的宗教世界的对比上。相比之下，科学现代性的世界图景具有的进步性表现在它将启蒙、自由和理性作为了时代进步的印记。

首先，科学现代性用启蒙来消解了自然的模糊和神秘。在人类社会的进化过程中出现了三个阶段，分别为迷信时代、经验时代和科学时代。其中迷信时代即神话确立世界图景的时代，人类认为各

种自然现象均由鬼神所驱使，只能听其自然，不能知其所然；经验
时代为宗教确立世界图景的时代，人们略知自然界的因果关系，但
知其然，并不知其所以然；科学时代为科学确立世界图景的时代，
对于自然界现象的了解深入方方面面。因而从对自然的认识和解释
上来讲，科学世界是最具有进步性的。其次，科学现代性用自由取
代了一切外在的束缚。无论是在神话还是宗教那里，人类的心灵由
神灵或者上帝所掌控，而科学的世界则释放了人的心灵。人的主体
性的自由发挥表明了科学现代性的进步性。最后，科学现代性对理
性的重视和发扬，尤其是对科学的工具价值的开发，极大地提高了
人类物质财富的增加，丰富了人类的世俗幸福。这也是科学现代性
世界图景进步性的重要表现之一。

二、科学与科学现代性进步的图像

科学进步的图像，有连续和革命两种模式。所谓连续模式，即
认为科学的发展是知识的直线累积，且科学从过去到现在呈现出连
续的运动；革命模式则认为科学的发展是一种跳跃性的过渡，不具
备连续性的特征。持科学连续论的如迪昂，他提出"科学在其逐渐
的进展中确实没有突然的变化。它成长着，但是逐渐成长的。它前
进着，但是一步一步前进的。……科学朝着它的目标缓慢地运动，
其进化的每一个阶段都有两个特征：连续性和复杂性。"① 持科学革
命论的如彭加勒和波普尔，彭加勒认为物理学危机的存在是进入新

---

① DUHEM P. The Origins of Statics, the Sources of Physical Theory [M]. Dordrecht/
Boston/London: Kluwer Academic Publisher, 1991: 439.

阶段的前兆；波普尔认为理论是要不断接受证伪的，因而处于不断革命的循环中。

两种独立的科学进步模式，都只是看到了科学进步的部分现象，而不是完整的科学进化模式，而真正的科学进步的图像，实为科学连续与革命并存互补的模式。"如果把事物的发展比喻为波浪式发展、螺旋形上升的话，那么可以把科学进步形象地描绘为具有小波纹的滚滚向前的大波浪，或以大螺旋为轴心而攀缘上升的小螺线。这就是科学发展的'进化—革命'互补图像。"① 持科学连续与革命并存互补模式的如库恩的范式理论，他对科学进步图像的描绘如下：科学进化的时期分为前科学时期、常规科学时期、科学危机时期以及科学革命时期。在常规科学发展到一定时期，就会出现矛盾，即已有的概念和理论无法解决理论与事实的矛盾，或者理论体系之间的矛盾，这就进入了科学危机的时期，是科学革命的前兆；在科学革命阶段，新的概念和理论框架得以建立，从而取代旧的范式；而当科学革命过后，新的概念和理论所形成的新的范式又开始指导科学的发展，从而进入新的常规科学时期。在常规科学时期，科学的发展呈现出相对平静的进化发展态势，主要表现为知识的累积和增长，是对范式的解释和修补的过程；而在科学革命时期，反常现象大量出现，仅靠修补旧的范式理论无法解决问题，于是危机暴露，这就需要彻底改变旧的范式，提出新的科学概念和理论框架。科学的发展就是这样周而复始地进行着，但这也并不是说常规科学时期就只表现为知识的连续增长，事实情况是，科学连续时期也会出现

---

① 李醒民. 科学论：科学的三维世界 [M]. 北京：中国人民大学出版社，2010：1201.

小型的革命现象，而科学革命时期也会出现知识的积累和进化。库恩的这一"连续—革命"互补的科学进步图像与黑格尔的观点有异曲同工之妙。黑格尔提出："科学表现为一个自身旋绕的圆圈，中介把末尾绕回到圆圈的开头，这个圆圈以此而是圆圈中的一个圆圈，因为每一个别的枝节，作为方法赋予了灵魂的东西，都是自身反思，当它转回到开端时，它同时又是一个新的枝节的开端。"①

　　因为科学现代性的发展与现代科学是一体两面，因而现代科学的发展模式决定了科学现代性的发展模式。人类历史上的三次科学革命，分别带来了科学世界图景和科学思维方式的三次变革。当一种新的科学范式产生且表现出强大的生命力时，便会产生与之相适应的新的科学世界图景和思维方式；在这种新的科学范式作为主导范式的时期之内，科学现代性的世界图景也呈现出相对静止的发展历程。

　　第一次科学革命，从哥白尼"日心说"的提出开始，到19世纪道尔顿原子说的提出。在这段时间内，《天体运行论》对新的宇宙观的建立、牛顿力学体系的完成以及物质的原子—分子结构，形成了实体论的世界图景，认为物质是由不可分的原子所构成，原子的属性决定了物质的属性。这种实体论观点决定了这一时期的科学观念和科学思维具有实体性特征，产生了基于实体世界图景的微观不变简单性观念之上的还原论思潮。第二次科学革命，从法拉第的电磁感应开始，经历了相对论和量子力学而持续到20世纪初。电磁场理论、相对论和量子力学打破了实在论的科学世界图景，带来了基于

---

① 黑格尔. 逻辑学［M］. 杨一之，译. 北京：商务印书馆，1976：551.

能量的科学观念和科学思维。在此之前物质和能量是分离的，而第二次科学革命消解了这一观念，建立了基于能量和场态存在为基础的现代物质观念和思维方式。第三次科学革命于 20 世纪中叶爆发，以信息系统科学的出现为标志，形成了全新的科学范式和基于信息的科学世界图景和思维方式。

　　科学现代性的世界图景，随着现代科学的进化和革命，呈现出进化和革命的特征，所以科学现代性的世界图景的进化形态，也是"连续—革命"互补的图像。

第五章

科学现代性的反思

第一节 后现代科学观的冲击

可以说在今天科学发展的步履迈得更大，也更加坚定，但是不可否认的是的确有一种危机感贯穿于现代科学之中，引起了科学现代性的危机。后现代性是当今科学哲学界对科学现代性造成冲击的强势话语，而各种后现代科学观的出现其实是对科学现代性反思的结果。

一、后现代科学观

（一）后现代性的特征

"后现代性"的真正含义，就就在于"后"和"现代"两个词语所代表的含义。

首先，"后"不仅代表时间性，而且具有质的超越性。"'后'原本就是一种时间间隔的标识，表征一种自然的量式的时间流逝。

但它同时又有超越、转向等内容不同于以往时代的质性规定之寓意。"① 其次，由于现代性仍是一项未竟的事业，且后现代的展开总是以对现代性的批判为靶标，因此二者是在当今社会中共存的文化现象，不能仅仅将后现代性视为现代性的线性延续。由此可以看出，后现代性与现代性之间并不是时间性的量的关系，二者有着质的区别。这也表明了后现代性的第一个特征——非时间性。

后现代性的第二个特征，在于其具有不确定性。不确定性意味着无范式、无文本、无时空等特征，甚至是含混、异端、多元、反常或者畸形等。"凡被称作后现代主义的事物，其背景差异甚大，但是就其最普遍、最广泛的形式而言，后现代主义的思想可以被视为由千差万别的思想和文化思潮所形成的一系列不确定的、不明确的看法；它们范围甚广，从实用主义、存在主义、马克思主义和心理分析到女权主义、解释学、解构和后经验主义的科学哲学。"② "领会实在和知识的可塑性和不断变化，强调具体经验高于不变的抽象的原则，坚信没有什么单一的先天的思想体系可以支配信仰或者调查研究。认识到人类知识是在主观上为多种因素所决定的；客观的本质或者本体是既不可认识也不可断定的；一切真理和假设的重要性必须不断地经受直接的检验。批判性地追求真理是限制在对于不明确和多元论的容忍上的，其结果也必定是相对的、容易出错的而不是绝对的或确定的知识。"③

---

① 炎冰，严明. "后现代"之概念谱系考辨 [J]. 天津社会科学，2005（1）：45.
② 塔纳斯. 西方思想史 [M]. 吴象婴，等译. 上海：上海社会科学院出版社，2011：433.
③ 塔纳斯. 西方思想史 [M]. 吴象婴，等译. 上海：上海社会科学院出版社，2011：434.

后现代的第三个特征，在于其虽然反现代性，但仍属于现代性，只不过是一种另类的现代性。这一观点首先表明了将后现代性纳入现代性视域的立场。"后现代性不是一个新的时代，而是对现代性自称拥有的一些特征的重写，首先是对现代性将其合法性建立在通过科学和技术解放整个人类的事业的基础之上的宣言的重写"[275]。虽然后现代性总在否定或者解构现代性，质疑科学和启蒙的合法性，但并不是对整个现代性事业的完全否弃，而是对现代性的弊端进行反思与重写。"后现代总是隐含在现代里，因为现代性，现代的暂时性，自身包含着一种超越自身，进入一种不同于自身的状态的冲动。"①

（二）后现代科学观的代表理论

后现代科学与现代科学是相对应的两个概念，我们通常将起源于古希腊、兴起于近代的、以机械论为核心的具有确定性的科学称为现代科学。现代科学具有普遍性、客观性、确定性和预知性，体现着现代科学精神；后现代科学萌芽于20世纪的科学革命、兴起于21世纪，以有机论为核心，靠直觉和定性方法来研究，具有多样性、不确定性和复杂性。20世纪初西方社会出现了物理学危机，爱因斯坦的相对论、量子力学等打破了经典物理学的时空概念，从而对科学知识的客观性、确定性和真理性形成挑战；60年代以来知识社会学、科学历史学、科学知识社会学、后殖民主义及女性主义等科学思潮的出现，反对科学现代性，形成了所谓的"科学后现代性"。后现代科学观的主要代表，有库恩的相对主义科学观、费耶阿

---

① 利奥塔. 后现代性与公正游戏 [M]. 上海：上海人民出版社，1997：145.

本德的无政府主义方法论、利奥塔和罗蒂的后现代科学观、科学知识社会学的后现代知识观以及后殖民主义和女性主义的科学观。

1. 库恩的相对主义科学观

库恩提出的范式概念，既是科学划界的标准，又贯穿他的科学发展理论。范式，在科学发展中具有重要作用，"在心理上，它是科学共同体所共有的信念；在理论和方法上，它是科学共同体所共有的模型和框架。"① 在库恩那里，科学的真理性是由范式所决定的。在常规科学时期，由于范式具有不可改变性，因而由它所界定的科学具有真理性；而到了科学革命时期，范式的变化就会带来真理性的改变。所以库恩否认客观真理，认为科学真理具有自主性和相对性。库恩的科学发展模式是周而复始的，总是不断地经历着以下循环发展过程：前科学时期—常规科学时期—反常和危机时期—科学革命时期—新的常规科学时期，在这一发展过程中，科学时期的转变是由范式的转换所引起的，尤其是在从前科学时期发展到常规科学时期，以及从科学革命时期到新的常规科学时期体现最为明显。库恩将科学哲学与科学史相结合，为历史主义科学哲学的发展奠定了基础，同时为后现代主义科学哲学的发展提供了广阔空间。

2. 费耶阿本德的无政府主义认识论

费耶阿本德的无政府主义理论，主要针对现代科学的经验主义和理性主义原则，尤其反对科学理性的霸权地位。无论是维也纳学派的可证实性，还是波普尔的可证伪性，都不能说明科学与非科学的划界，因为划界标准本身就是相对的，他为此主张"告别理性"，消解了科学与非科学的划界问题。在费耶阿本德那里，科学只是与

---

① 洪晓楠. 科学文化哲学研究 [M]. 上海：上海文化出版社，2005：158.

迷信等同的一种文化传统而已，因而科学与非科学是具有平等地位的。因此，拒斥非科学因素的理性主义遭到了费耶阿本德的消解，只有拿掉科学头上的理性光环，神话、宗教、迷信等才能实现与科学的平起平坐，从而打破科学的霸权地位。在科学的发展模式上，费耶阿本德对波普尔的"不断革命论"、库恩的"范式更迭论"以及拉卡托斯的"科学研究纲领"等进行了批判，提出科学并不按某种固定的模式发展，认为只有"怎么都行"的科学发展方式才是无碍于科学进步的唯一原则。"费耶阿本德通过对理性主义、科学沙文主义、一致性等的批判，强调了文化的多样性，限制了理性作用的范域，消解了科学与非科学的界限，凸显了不同传统的作用，这些都体现了他的后现代科学哲学的立场。"[①]

3. 利奥塔和罗蒂的后现代科学观

利奥塔是一位重要的后现代哲学家，他提出后现代社会的知识包括科学知识和叙事知识，叙事知识对科学知识是宽容的，而科学知识对叙事知识则是有偏见的，所以导致了人文科学的退让和自然科学的扩张。这种局面的后果，则是信仰危机的产生以及虚无主义对科学的消解，使得科学的合法性受到威胁，因此利奥塔提出了实用主义倾向的知识观，与罗蒂的后哲学文化具有相似性；站在后现代的立场上，罗蒂重申了划界问题的消解，并通过对基础主义的抨击宣布了传统科学的终结。他提出新的后哲学文化的实现需要以解释学替换认识论，即以"对话"概念为前提将传统哲学转化为教化哲学；以"弱理性"代替"强理性"，即以实用主义的理性观为人文科学的发展赢得空间；以协同性诠释客观性，从而淡化科学与其

---

① 洪晓楠. 科学文化哲学研究 [M]. 上海：上海文化出版社，2005：210.

他学科的界限，以取消科学的特殊文化地位。"利奥塔的目标就是摧毁现代知识赖以存在的那种追求绝对普遍游戏规则的认识论，提倡一种多元的、相对主义的和差异的后现代的认识论。……罗蒂的哲学不仅实现了现代哲学想后现代哲学的转向，而且批判了现代哲学，反思了现代性，从而提倡一种后哲学文化，对未来哲学的发展将产生重要影响。"①

4. 科学知识社会学的后现代知识观

科学知识社会学（SSK），是一个兼收科学哲学、科学社会学以及后现代思潮的研究领域。它以科学知识为研究对象，但否认科学知识的客观性和真理性，因此在结构基础主义、本质主义和普遍主义等方面，体现了后现代主义的特征。科学知识社会学以巴恩斯和布鲁尔为代表，他们主张知识的相对主义和社会建构论，提出科学作为一种知识，同其他知识一样，是在社会发展的过程中建构起来的，因而要受到社会文化因素的影响和制约；社会因素对科学知识的影响是决定性的，因而在科学知识社会学这里，科学知识是偶然的，受到社会文化因素的影响，并不是理性认识的必然结果。与此同时，科学的真理性、确定性、客观性、精确性在科学知识社会学这里，成为反思和批判的靶标。科学知识社会学的产生，在很大程度上源于人们对科学知识的滥用所进行的反思，但是作为"科学后现代性"的代表之一，它在理论和实践上仍有不足，同样无法完全回答现代所遇到的各种问题。

5. 后殖民主义和女性主义的科学观

后殖民主义科学观和后现代女性主义以桑德拉·哈丁为代表，

---

① 洪晓楠. 科学文化哲学研究 [M]. 上海：上海文化出版社，2005：227-252.

认为标榜客观和精确的科学是殖民主义的科学，它是西方科学在其社会文化语境下的产物，并不具有客观性和普适性。殖民主义的科学作为殖民统治的合法化手段，蔑视其他文化语境下的科学，其对自己是理性和客观的评价不过是欧洲中心主义的表现，所以后殖民主义的科学观，主张欧洲以外的社会文化语境中形成的种族科学，应当具有同殖民科学相同的地位，哈丁通过考察现代科学与其所处时代的关系，反对欧洲中心主义和重塑科学哲学。女性主义科学观通过对主流科学进行考察，从女性在科学中的相对缺席提出结论，认为主流科学不单是欧洲的科学，而且是男性的科学，以此来批判主流科学的客观性和普遍性。后殖民主义科学和女性主义科学，以对现代科学的批判为基础，与世界文明、文化趋势相结合，力求在后现代的科学大业中找到自己的定位。尽管困难重重，但是它们揭示了传统科学存在的问题，对传统科学哲学造成了一定的打击。

综上所述，作为后现代科学哲学主力的科学历史学、科学知识社会学、后殖民主义和女性主义学派，以建构性、相对性、主观性的科学观，批判现代科学的客观性、真理性和精确性。尽管这些学派从表面上看起来是对科学现代性的严重挑战，但实际上它们是科学现代性反思的结果。后现代科学哲学从不同角度对科学现代性的质疑，表现了科学哲学的改进和发展过程，同时也是理想的科学走向实际的科学的过程。

二、科学后现代性对科学现代性的解构

与科学现代性相对，后现代科学的发展形成了一股可以被称为"科学后现代性"的力量，旨在对科学现代性进行否定和批判。

(一) 对科学客观性的解构

科学现代性以肯定科学的客观性为首要特征,后现代科学规则对科学的客观性提出质疑和批判,在解构科学客观性的基础上提出建构型后现代科学观。

后现代科学观对科学客观性的解构,主要从三个方面进行。首先,是对概念客观性的解构。科学现代性以其概念的确定性和注重客观的实效性而著称。后现代主义则认为科学的客观主义的概念不仅是有局限性的,而且在本质上是有缺点的。在后现代科学观那里,"任何物理的、心理的、指号的或认识论的实体都不是简单的概念,而是处于概念关系网络中的复杂语词。"① 它们将结构实在性与关系结合在一起,强调科学实在的多元性特征,从而将概念和语言的客观性转化为人为的约定性。其次,对科学经验基础的解构。经验是现代科学理论的基石,后现代科学观认为正是客观经验在科学中的基础地位,阻碍了其他文化的自由发展,因而致力于消解科学的经验基础。其三,是对科学理性的解构。对科学理性的消解主要在于提高历史、政治、社会、文化等各种非理性因素在科学发现中的地位。"现代科学哲学通常认为,科学合理性就在于科学方法的合理性,而科学方法的合理性则由严格的逻辑来保证。彭加勒等现代哲人科学家早已指出科学发现中的非理性因素,反对将数学和科学发现的方法还原为逻辑。"② 其四,是对科学宏大叙事的解构。现代科学的宏大叙事强调科学知识的进步性及对人类社会的解放能力,因

---

① DONALD M. Encyclopedia of Philosophy (Vol. 9) [M]. Detroit: Thomson Gale, 2006: 10.

② 郝苑, 孟建伟. 论后现代科学观 [J]. 教学与研究, 2011 (2): 85.

而对科学宏大叙事的消解意味着否定与质疑现代性科学的绝对性和权威性。利奥塔提出科学的后现代转向，主要是针对现代性科学提出质疑，认为应当对技术利用加以限制，并强调科学具有可错性。最后，是对科学普遍性的解构。这主要由后殖民主义和女性主义学派展开的。后殖民主义学派，认为科学是帝国主义入侵与进行殖民统治的工具；女性主义学派，则认为科学是男权社会控制和强化自己权利的工具。由于殖民科学和男权科学分别具有地域特征和性别特征，因而不具有客观性和普遍性。既然科学本身就是一种带有地域性和本土性的知识，那么其他知识也应当获得同科学知识相同的合法性。

在将科学客观性解构之后，为了给现代科学和文化的发展找到出路和方向，需要对科学知识进行建构。建构论认为科学和世界的存在不是人类的发现，而是人类在一定环境中的创造，在此基础上，所有科学都处于创造和建构过程当中，是特定社会环境的产物，因而不具有客观性。不同的社会语境会建构出不同的科学知识，而同一个社会语境在不同的发展阶段也会建构出不同的科学知识，因此，不存在纯粹客观的知识，所有的科学知识只是相对的真理，这就为非客观知识的存在谋求了合法性基础。

（二）对科学确定性的解构

科学的迅猛发展将现代性思想从各种不确定性中拯救出来，以基于自然现象的'技术层面的'知识，描绘了最现实和最可靠的世界图景，赋予了自然界以确定性。"与古代的和中世纪的世界观形成强烈对照，现代的宇宙的天体并不具有超自然的或象征的意义；它们不是为人类而存在的，不是为了指引人类的进程，或者赋予其生命以意义。它们确确实实地是物质实体，其性质和运动完全是机械原理的产物，与人类存在本身没有什么特别的关系，与什么神圣的实在也没有什么特别的关系。以前归于外在的物质世界的一切特指人类的或人格的性质，现在都被视为优质的人格化的投射，而且被从客观的科学的认识中清除了出去。一切神圣的属性同样被认为是原始迷信的影响和根据愿望的想法的结果，而且也被从严谨的科学的论述中清除了出去。宇宙是非人格的，不是有人格的；自然的法则是自然的，不是超自然的。物质的世界并不具有内在的更深一层的意义。它是充满难解之谜的物质，不是精神的实在的可见的表现。"①

　　然而之后现代科学的经典框架受到了后现代的冲击，科学的世界图景发生了根本变迁，主要表现在物理学的突飞猛进，使得古典的笛卡尔—牛顿宇宙论体系被打破了。19世纪晚期麦克斯韦发现了电磁场，贝克勒尔发现天然放射性，普朗克提出量子论，爱因斯坦提出狭义相对论和广义相对论，玻尔、海森伯提出量子力学方程，犹如一支支利箭飞向经典力学体系，极大地撼动了现代科学长久以来建立的确定性的经典大厦。在这一过程中，以往作为科学概念之基础的每一种主要的假设都遭到了反驳，"牢不可破的牛顿力学的原子现在被发现原来大多都是空虚的。坚固的物质不再是构成自然的基本的物质。物质和能量是可以相互转换的。对于以不同速度运动的观察者而言，时间会以不同的速率流动。时间在重性物体附近流动慢下来，在某些条件下则会完全停止。欧几里得几何学定律不再

---

① 塔纳斯. 西方思想史 [M]. 吴象婴，等译. 上海：上海社会科学院出版社，2011：318.

可以提供普遍而必然的结构了。行星以自身的轨道运动，不是因为它们被在有相当距离起作用的引力拉向太阳，而是因为它们运动的空间被弯曲了。亚原子现象表现了基本上不明确的性质，既可以当作粒子也可以当作波去观察它。粒子的位置和动量不可能同时准确测量。测不准原理极大地削弱了牛顿的严格决定论。科学观察和科学解释如果没有影响观察对象的性质就不能进行。"① 对此，作为物理学家的爱因斯坦感受尤为深切："我试图用物理学的理论基础去适应这种知识的所有努力都彻底失败了。这就好像是人民脚下的地基被抽调了，人们在任何地方都找不到原本可以建筑东西的坚实的基础。"②

　　科学现代性的确定性之所以受到后现代科学的挑战，主要原因在于对概念的理解上，二者对概念的理解既不一致，又不可理解。首先，世界概念的不一致。与之前相比，现在（后现代科学）并不存在一个一致的世界概念，从理论上对复杂多样的材料进行综合，物理学家自己在对实在和根本进行解释的过程中也没有达成一致性意见，反而存在着各种矛盾的概念、割裂的观点以及难以克服的悖论。后现代科学对于广阔的宇宙空间、转瞬即逝的人类、创世大爆炸等并没有给出令人完全信服的答案，量子方程对世界的描述也并不是为所有人认同，因而"科学知识被限定在抽象的、数学符号的、幻影的范围内。这样的知识并非关于世界本身的知识，而今这个世

① 塔纳斯. 西方思想史［M］. 吴象婴，等译. 上海：上海社会科学院出版社，2011：393.

② 塔纳斯. 西方思想史［M］. 吴象婴，等译. 上海：上海社会科学院出版社，2011：392.

界似乎比以往任何时候更超越人类认知的范围"①。其次，新概念的不可理解性。一方面，新物理学产生的概念通常为人类的直觉知识所无法把握，如："弯曲的空间，有限然而是无边际的'四维空—时连续统；同一个亚原子实体，却具有相互排斥的属性；物体，竟然不是真正的事物，而是过程或联系的形式；现象，直到被观察到才明确成形；粒子，似乎在很远的距离相互影响，却没有已知的因果联系；在完全真空中存在着基本的能量波动。"② 另一方面，非理性因素出现在物质世界的结构中，加大了人们尤其是外行人对物理学概念的不可理解。

"思想的进步，抛弃从前时代的愚昧无知和错误想法并收获新技术成就的丰硕果实，现代一直有的这些感受再一次得到了强化。甚至牛顿也被永远进步、不断成熟的现代思想所修正和改进。……从前物质的那种坚固实体，让位于一种也许更加适合于从精神上加以解释的实在。如果亚原子粒子是不确定的，人类的意志自由似乎获得了一种新的立足点。支配波、粒的互补性原理表明可以广泛运用到原本相互排斥的知识方面，比如宗教和科学的互补性上面。"③

后现代性对科学现代性的冲击，主要表现为对现代科学之客观性、确定性和普遍性的解构，而主张非线性、不确定性和不稳定性则是复杂性科学的根源。复杂性科学使得"那种有助于描绘现代思

---

① 塔纳斯. 西方思想史［M］. 吴象婴，等译. 上海：上海社会科学院出版社，2011：394.

② 塔纳斯. 西方思想史［M］. 吴象婴，等译. 上海：上海社会科学院出版社，2011：318.

③ 塔纳斯. 西方思想史［M］. 吴象婴，等译. 上海：上海社会科学院出版社，2011：393.

想的单义的拘泥字义倾向写实主义越来越遭到批判和摒弃，取而代之的是对多维度的实在性质、多方面的人类精神以及人类认识和经验的多义的、通过符号中介的性质作更充分的重视"①。

第二节　科学现代性的重写

回望历史长河，我们已经走到了一个充满希望和不确定的时代，作为人类文明象征的现代科学给我们带来的璀璨的文明，同时也带来了不可避免的后果，因而不断地遭遇质疑与批判。尤其是不确定性、开放性、多元性的后现代话语，为人们进一步反思科学现代性提供了理论和实践背景。科学现代性亟待在风雨飘摇的环境中寻找定位，因而我们处于一个重要的历史时期，迫切需要解决人类所面临的现代性困境。只有扬长补短，重写科学现代性，才能完成好现代性这项未竟的事业，这里的"重写"借鉴了利奥塔的"重写现代性"的观点。利奥塔用"重写的现代性"来代替"后现代性"，是因为在他看来，现代性与后现代性之间并不是一种时间上的先后关系，后现代性实为"现代性自身就包含着自我超越，改变自己的冲动力"②。因而"重写科学现代性"实为一个反思和"补短"的过程。

---

① 塔纳斯. 西方思想史［M］. 吴象婴，等译. 上海：上海社会科学院出版社，2011：445.

② 周宪. 文化现代性精粹读本［M］. 北京：中国人民大学出版社，2006：280.

一、科学现代性是一项未竟的事业

科学现代性在其发展过程中处于内忧外患的处境，既面临内在的张力和冲突，又面临后现代科学观的冲击，但它仍站在人类历史的舞台上。借鉴哈贝马斯认为"现代性是一项未竟的事业"的观点，科学现代性也是一项未竟的事业。

（一）科学后现代性与现代性是一枚硬币的两面

针对很多后现代主义者将后现代视为现代性的决裂的观点，最著名的就是哈贝马斯的辩护。他提出现代性并没有死亡，仍是一项未竟的事业，后现代性属于现代性的范畴。哈贝马斯的辩护依据有两点：首先，从批判的对象——启蒙理性出发。康德指出启蒙就是摆脱人加诸自己的依附地位和不成熟状态，而摆脱的方法就在于勇敢运用自己的理性；哈贝马斯认为启蒙现代性本身就包含了进步与倒退的双重思想，既然有理性、民主、自由、科学等进步思想，当然也会存在一些退步的思想。这些退步思想的存在，正是因为启蒙理性在这些领域的反思不够所导致，启蒙理性的力量可以改变这种状况，因而以理性为核心的现代性仍然有着生命力。其次，从批判的方法出发，后现代主义对现代性的批判，是一种以偏概全的批判。他们继承了尼采的非理性传统，对现代性进行了很多不切实际的批判，例如在批判靶标的选择上，并不是将现代性作为一个整体，而仅仅是盯住现代性的退步和弊端；在批判的手法上，用"理性的他者"去批判理性，而不是用理性去批判理性，因而是一种有失公允的批判。既然后现代主义对现代性的批判无论从内容上还是从方法上，都是有失偏颇的，因而后现代主义的结论——现代性已经死亡，自然是站不住脚的。这也就从反面证明了现代性仍是一项未竟的事业。

既然现代性并没有死亡，后现代性也不是现代性的替代，那么二者之间的关系到底为何呢？首先，从时间上来看，后现代性是迟到的、即将来临的现代性。现代性本身具有反思的品格，一种超越自身、进入一种不同于自身状态的冲动，即便对构成其核心的理性也应当保持反思，但是现代性发展的实际却是忽略了这种反思，因而形成了内在的张力和冲突；后现代出现在历史舞台上，打着反思和批判理性的旗号，应当被视为是现代性之反思品性的迟到的萌发。后现代的每一次反思都使得现代性不断地超越自身，以趋向更加完美，因而后现代主义不是现代主义的终结，而是现代主义的新生。其次，后现代是现代性的另一张面孔。它隐藏在现代性里，依赖于现代性而成立，是现代性在高度发展阶段呈现出的新面孔。"现代性是站在远处而不是从其内部观察自己，它编制着自己得失的清单，对自己进行心理分析，发现以前从未说出的目标，并寻找所取消的和不合适的目标。后现代性就是与其不可能性相一致的现代性；是自我监督的现代性，是抛弃以前曾无意识地做过的那些事的现代性。"① 在这种意义上，我们可以说，后现代性与现代性不过是一枚硬币的两面。

以现代性和后现代性的关系类推，科学现代性和后现代性之间也是相同的关系。尽管我们承认后现代科学在形式上的存在，但是究其本质，科学后现代性以现代性为生存的寄托，不具备独立生存的条件，因而是由科学现代性所生发出的新面孔。文艺复兴以来的

① 洪晓楠. 当代西方社会思潮及其影响［M］. 北京：人民出版社，2009：168.

科学现代性历程，追求理性、自由、客观和确定，从而导致了其自身及与社会的矛盾。尽管后现代科学观对科学现代性所推崇的理性、客观、真理和确定进行了猛烈攻击，但科学现代性仍没有完结，因为从某种意义上说，正是科学现代性的自省形成了我们所称之为后现代科学的东西；后现代科学在登上历史舞台之后，必须依靠科学现代性为其提供生存基础。从目前后现代科学的发展情况来看，它所提出的科学的不稳定、不确定和非线性，尚无法单独撑起一座科学的大厦，且其存在需要寻找科学现代性的不足作为寄生之所。因而科学后现代性不是对科学现代性的终结，而是对它的反思和清理，是一项仍在反思与完善的、不会退出历史舞台的事业。

（二）科学现代性仍是不可或缺的

虽然科学现代性存在着不可避免的张力和冲突，但是它对现代社会仍有着不可替代的存在价值。无论后现代科学如何对科学现代性的客观性、确定性和普遍性进行解构，理性、客观、确定与普遍等仍是科学现代性的内在要素，仍然是支撑现代科学发展的动力因素。

后现代科学在产生之后，致力于动摇现代科学简单、确定和必然的本体论根基，展示自然界充满混沌、不稳定和不确定的一面。众所周知，科学现代性的基本特征是理性化、机械化和以人为中心等，其异化的结果是生态危机、物种锐减与人口爆炸等。而后现代性则认为世界应当是多元的、有机的、非决定论的和整体的，貌似是对科学现代性的颠覆，但是无论科学现代性在今天有多少负面作用，不管后现代主义如何宣扬前现代的和谐和美好，人们都会一如既往地发展现代科学。这是因为后现代科学的发展具有致命的缺陷，对现代社会的发展具有消极意义：它对现代科学的理性逻辑的消解矫枉过正，过分强调各种非理性逻辑的作用；它对地域文化的极度推崇反而解构了真善美的文化的整体，全盘否定科学的自由、民主和理性精神，从而走向了新的极端，不利于现代社会和人类文明的发展。

既然后现代科学无法承担起人类社会发展的大梁，科学现代性就仍具有发展的空间。在今天，现代科学仍然是人类改善物质生活的重要工具，而且对精神文明的提升有着促进作用；仍然是社会发展的重要动力，并非后现代主义者所描述的死水一潭。对于科学现代性内在的矛盾和张力，则需要我们加强反思和自省，尤其是对科学异化现象的反思，批判性地吸收后现代科学的合理思想，实现工具理性和价值理性的融合、科学与人文的融合，以增强科学现代性的活力，展示自己在现代舞台上的强大生命力。

二、工具理性和价值理性的融合

工具理性和价值理性，是理性家族的两个重要成员；工具理性的膨胀和价值理性的衰微，是科学现代性面临危机的根源之一。因此，谋求工具理性与价值理性之间的融合和统一是解决危机、重写现代性的重要的一步。

价值理性和工具理性的概念，由马克斯·韦伯首先提出。"所谓工具合理性是指能够以数学形式进行量化和预测后果以实现目的的行为。所谓价值合理性是指主观上相信行动具有排他性价值，无论如何都要实现的行为。工具理性体现了主体对思维客体规律性的认知和驾驭，它主'真'，导向真理和认知，用来认识事物的本来面目，回答人与世界的关系'是如何'的。由此形成的基础科学、技术科学、应用科学，构成了当今人类文明的积淀和促进人类文明发展的基础。价值理性体现一个人对价值问题的理性思考，它主'善'，导向决断和行动，用来对人类自身与世界关系'应如何'和人'应当是'进行判断。"① 工具理性提供的是现实支撑，价值理性提供的是精神动力。"科技理性是人类在认识和改造自然的过程中形成的，价值理性是人类在改造社会和人自身的过程中形成的，科技理性与价值理性是人在不同的社会实践领域表现出来的能力。人类改造外部世界是一个整体的过程，因而在改造自然的过程中必然渗透价值因素，在改造社会的过程中必然要利用科技的力量。不存在与价值无关的纯科学理性，也不存在背离科学的纯价值理性。"②

工具理性和价值理性的融合具有历史和现实基础。首先，在古希腊，工具理性和价值理性是融合在一起的，二者的分离是近代之后的产物。"在古希腊文明中，工具理性和价值理性一道佐证着人的有机存在。不仅在表现形式上与哲学、宗教、艺术集为一体，几乎每一位科学家同时亦是思想家和哲学家，更主要的是其在内容上与人的存在相统一，价值理性始终为工具理性所追求，古希腊人强调对真理的追求和人的自由，把理性和知识作为人的基本存在方式，把追求真理作为获得理想、人性的基本方式，在他们那里工具理性和价值理性是和谐统一的。工具理性与价值理性同根同生，它们交

---

① 张永青，李允华. 浅析工具理性和价值理性的分野和整合 [J]. 东南大学学报（哲学社会科学版），2008（12）：39-41.
② 周兰珍. 科技理性与价值理性关系探析 [J]. 江苏社会科学，2007（6）：38-41.

相辉映，共同闪耀着先哲们的智慧之光。"① 其次，价值理性是工具理性的精神动力，工具理性是价值理性的现实支撑。工具理性侧重于用数学进行量化并预测后果以期实现目的，其运行反映了人类对客观事物及其规律的认识，体现了人类对事物本质的认知过程；人类主体性的发挥，体现了价值理性的精神动力的作用。此外，由于工具理性对事物及其规律的认知，带来了物质财富的累积和科学的发展，从而为人的全面自由发展提供了现实支撑，并提出了更高的要求，因而价值理性和工具理性之间有着内在的逻辑关联，二者统一于人类的社会实践。价值理性关注"做什么"的问题，工具理性关注"如何做"的问题，二者只有有机结合，才能为人类社会提供健康发展的动力。最后，从反面来讲，工具理性和价值理性的分野带来了人和自然的危机，从人的角度来看主要表现为人的异化和自由的丧失。马尔库塞提出工具理性时代造就了"单向度的人"，只追求效益和科技，忽视了人性。"如劳动过程的奴役性、枯燥性和强制性；受大众传媒影响而追随消费至上的消费盲目性；交往活动中的利己主义倾向和人际关系的冷漠和对立；本能的压抑、个性的淹没和思维的肤浅等。"② 从自然的角度来看，主要表现为生态的破坏。工具理性的越位使得人们只是一味地对自然进行索取、征服和利用，造成土地沙化、臭氧破坏、温室效应、环境污染、生物多样性锐减等生态问题；生态危机的加剧，也进一步带来了人类社会的经济危机、政治危机以及文化危机等。

---

① 张永青，李允华. 浅析工具理性和价值理性的分野和整合 [J]. 东南大学学报（哲学社会科学版），2008（12）：39-41.

② 张永青，李允华. 浅析工具理性和价值理性的分野和整合 [J]. 东南大学学报（哲学社会科学版），2008（12）：39-41.

要扭转工具理性蔓延所带来的困境，解决生态危机及社会精神危机，就需要重新实现工具理性和价值理性的融合，这是人类社会健康发展的内在需要，也是解决科学现代性所带来的各种危机的需要。工具理性和价值理性的融合，需要遵守三方面的原则：将人、自然和社会视为有机整体的"整体性"原则；认识到人与自然相互制约的"相互作用"原则；绝不仅将自然视为物和工具的"自然价值"原则。在现代社会，工具理性的发挥通常是与片面强调自然、物质、利益和经济联系在一起的，因而工具理性和价值理性的融合也需要从这些方面入手。在以上三种原则的指引下，我们应当从以往的实践中寻找经验和教训，处理好实践中的各种关系。

首先是人与自然的关系。科学现代性的成功和危机都来自人对自然的索取和征服，而现在解决危机的关键就在于转变人与自然的关系，在尊重自然的前提下发挥自己的能力，使科学的力量与自然的承载能力统一起来。其次是物质与精神的关系。这是实现人的全面发展的需要，而只有在注重发挥科学的工具理性、提高人的物质生活水平的同时，注重对精神价值层面的建设，才能实现人和社会的协调发展。其三是短期利益和长远利益的关系。工具理性的泛滥通常是由于人们让眼前利益蒙蔽，无法清晰地看到其潜在的危害性，而这种危害可能是短期之内无法观察到的。因而，工具理性和价值理性的融合，需要解决好短期利益和长期利益的关系。最后是经济和生态的关系。工具理性的发挥常与经济利益的获得相关，为了获取经济利益而片面强调科学的工具理性，压抑价值理性，就会造成对生态的破坏。因而对生态环境的重视和改善，是价值理性发挥作用从而限制工具理性的过度膨胀的表现。

科学现代性的危机和后现代性的冲击，使我们充分认识到了工具理性和价值理性相融合的重要性。只有重新扭转二者之间失调和分裂的关系，发挥价值理性的引导作用，才能避免单向度的人和社会的出现，实现人、自然和社会的健康发展。

三、科学与人文的融合

现代性是以科学和理性为代表的一种社会文化形式。科学在人类文明进程中产生了极为重要的作用，其理性原则直接体现了现代性的要求。从哲学的视角来理解现代西方科学哲学，通常把 16 世纪中叶到 20 世纪中叶的科学称为现代科学，而把 20 世纪中叶以来的科学（以非线性科学为代表）称为后现代科学；海德格尔把 16 世纪由伽利略、笛卡尔、牛顿等近代科学家建立的科学范式以及由普朗克、玻尔、薛定谔、海森堡等创立的量子力学以及爱因斯坦的相对论理论统称为现代科学；而把笛卡尔开创的理性主义哲学流派作为现代哲学的真正开始。现代科学以理性为指导，取得了巨大成就，但并不能以此说明科学与文化价值无涉。

（一）科学具有文化本性，这是现代科学文化性的前提

科学是多元价值的综合体，具有人文意蕴，作为人类的一种文化活动，是人对于自然的理性认识，是一种人类独有的文化现象。由于科学与人具有某种本质关联，离不开对人的认识，因此科学具有文化本性。著名的科学知识社会学家，爱丁堡学派的创始人之一巴里·巴恩斯指出，科学可以用来作为一种完整的生活方式的文化基础，必须把它看作是文化的产物；科学并非仅仅是达到某种目的的方法，必须从固有价值去理解它。必须认识到，科学不仅是一种

技能，而是一个真理的宝库和一种完善推理的范式，纵观科学发展史，对科学进行人文的反思，可以发现科学须臾离不开文化。古代希腊人为了摆脱愚钝，热衷于对于自然理性及感性幸福的追求，形成以经验和思辨为基础的文化传统，从而成为古代科学思想的源泉，孕育了科学的萌芽；近代文艺复兴和启蒙运动，重新确立了自然和人的地位，实证主义的科学传统开始流行。在西方，启蒙运动以科学作为对抗王权和宗教的利器，以之开启人性，从而赋予科学以文化的内涵和本性，使得科学上升到文化层面；启蒙运动之后，科学主导了西方文化的发展；近代科学已经成为人们生活方式和行为方式的文化基础，其文化本性更不容忽视；到了现代，新的物理学革命对近代科学的实证性进行了修正，过去的文化传统以及传统的科学哲学的框架已不能满足现代科学的发展，因此需要进行文化上的变革。C. P. 斯诺表明，科学文化确实是一种文化，不仅是智力意义上的文化，也是人类学意义上的文化。共同的态度、共同的行为标准和模式、共同的方法和设想，这些共同之处往往令人吃惊地深刻而广泛，贯穿于任何其他精神模式之中，诸如宗教、政治或阶级模式。

（二）现代科学的发展更加凸显文化本性

科学作为影响人类的强大力量，在人类文明过程中产生了强大的实践效果，并形成了现代科学文化这一必然产物。科学所表现出的理性态度体现了现代性的原则，现代性的建构在很大程度上也得益于科学的崛起，两者内在紧密地结合在一起，极大地改变了人们的存在范式及人类世界图景。现代科学与现代文化的联系更加密切，主要表现在两个方面：一方面，现代科学产生现代文化。作为 20 世纪以来的主流，现代科学通过技术、工程和产业的作用，不仅深深改变了人类的物质生活，更形成了独特的现代文化，以及新的科学价值和科学精神；通过现代科学教育，使得新的文化、精神和价值成为现代人唯一的思维方式，于是形成了现代的科学文化。另一方面，现代科学产生于现代文化。文化是科学的源泉，是科学赖以生存和发展的土壤，由科学所主导的文化仅仅是文化发展过程中的一种特殊形式，特定的文化孕育出与之气质相符合的科学。如古代以经验和思辨为基础的文化传统，成为古代科学思想的源泉；近代对自然和人的地位的重新确立，使得实证主义的科学传统开始流行；现代技术赖以生存的科学，也是现代图景下特定形式文化的产物。科学可以产生文化，同时又是特定文化的产物，因此将探究科学的文化基础作为研究科学哲学的前提是十分必要的。

科学的巨大成功深刻地改变了人类历史进程及世界格局，但同时也带来了生态、社会及文明危机。现代科学的发展面临一系列问题，如科学研究的视野越来越窄，将人及世界还原为机器进行工具性的理解，科学与人文相分离，科学哲学的发展受到束缚。

首先，科学主义盛行，现代科学的发展面临危机。现象学家胡塞尔通过对现代科学危机的考察，深刻地认识到："在 19 世纪后半叶，现代人让自己的整个世界观受实证科学的支配，并迷惑于实证科学所造就的繁荣。这种独特现象意味着，现代人漫不经心地抹去了那些对于真正的人来说至关重要的问题。只见事实的科学造就了只见事实的人。"① 现象学从形而上学的根本上予以批判，揭露了现

① 胡塞尔. 欧洲科学危机和超验现象学 [M]. 张庆熊，译. 上海：上海译文出版社，1988：293.

代科学导致对形而上学的否定，终极追求的忽视。现代科学在改变了我们的知识以及改变我们对世界的控制过程中，也改变了自己本身，并且造成了诸多单靠自然科学本身不能解决的问题，如现代科学的世界追求稳定、有序、甚至是统一的表征客观世界的知识。从哲学的视角来分析，现代科学具有鲜明特征，如从思维方式上看，人与自然二元对立；从理论中心上看，以牛顿力学为指导来认识理解客观物质世界，将自然界的一切运动形式都还原为机械运动，寻求事物之间的必然性、确定性，排斥非确定性、偶然性；从对自然界因果关系的探究上看，将复杂性科学的因果关系等排斥在现代科学思维方法之外；从科学价值目标来看，追求本质与真理，将科学视为文化的主人。然而，历史的发展始终是向着人类自身的实现和完善逐步进化的。现代科学追求精确性，缺乏综合性，在整体中研究部分，在复杂中寻求简单确定因素，必然带来科学主义的膨胀及工具理性的蔓延；科学研究视野狭窄，科学研究的精细化和专业化导致思维方式的单一固定，也从根本上改变了科学家个人的活动和体验。科学在给予人们工具性和操作性知识的同时将人视为机器，人在科学思考的过程中丧失了生活目的和精神追求，道德观念缺失，终极追求被忽略。

其次，科学与人文分裂，现代文明面临危机。科学与常识之间的断层，是现代工业社会发展的根本性趋势之一的一个直接结果，科学发展得太快，以至我们的日常理解无法跟上它的步伐；科学是具有文化性的，而近代以来的科学发展将科学视为一种知识体系，忽视其人文本性，导致无文化性的科学。科学文化与人文文化的对立以及为了消解这种对立而陷入的思想混乱，是现代人类的一个基本的文化困惑。维也纳学派的创始人之一菲利普·弗兰克曾提出，现代人类文明所受到的严重威胁，是科学的迅速进步同我们对人类问题了解的无能为力，而造成这种状况的重要根源，又在于自然科学与人文科学之间存在着一条深深的鸿沟。自20世纪30年代起，科学与人文就出现了裂痕，并逐渐形成了相互隔离的文化，即科学文化与人文文化。科学与人文的分裂局限于对科学进行认知研究，忽视科学的文化价值和精神价值，直接导致技术的异化和人类价值观的扭曲，间接导致生态环境的极度恶化和日益严重的全球性生态危机。因此，当今世界日益严重的自然生态危机和文化精神生态危机，都与现代文明的二元对立思维方式和理性中心主义有密切关系。

为此，我们必须了解科学在整个人类文明中的地位，从人文主义视角来看待科学，将其置于文化整体中，来说明科学与伦理、政治和宗教的关系，而不仅仅局限于了解科学知识本身。

面对现代科学的危机及现代科学哲学的困境，需要在发展科学的基础上实现科学与人文的融合，将科学哲学发展至科学文化哲学，从文化整体的背景中研究现代科学。对科学与人文的关系问题进行双重反思，是近代以来中西方都比较关注的一个问题。西方关于科学与人文的关系的研究，从古希腊时期就以理性精神和人文精神的形式而存在；中国学界对此的探讨，经历了从20世纪20年代的"科玄论战"，到90年代对"科学精神与人文精神"的讨论。科学求真，所要解决的是认识客观世界及其规律，是对"是什么"的思考，因而不带有任何感情色彩，不以人的意志和感情为转移；人文求善，所要解决的是满足个人与社会需要的终极关怀，是对"应该是什么"的思考。尽管存在不同，但科学与人文并不是矛盾的，二者之间有着深刻的关联，没有科学的人文或者没有人文的科学都是残缺的，缺少了任何一方，都无法构成完整的人类世界。就此而言，应该用人文反思科学，用科学反思人文，只有实现二者之间的双重反思，才能真正形成科学与人文之间的良性互动。

现代科学的迅速发展，之所以伴随种种危机，就在于自然科学和人文科学之间存在着一条鸿沟。解决现代科学发展困境以及缓解现代文明危机的出路，在于重新认识人与自然的关系，确立科学的人文精神，实现科学与人文的融合与统一。巴恩斯和 C. P. 斯诺都主张大力表明科学是文化的基础，要成为人们一般文化和生活方式的基础，但是实现科学与人文的交融并不是消除二者之间的界线，而是通过对话与互动，将人文理念融入科学研究。在科学进程中应注意保证科学的人性基础及精神气质，同时在科学哲学发展的过程中注重加强人文学科的科学性以及科学意识，以此促进科学文化和人文文化的协调发展。

第三节　科学现代性的展望

科学的发展过程中充满着理性与经验、理性与非理性的张力，理性对科学的起源和发展有着举足轻重的作用，但同时理性的滥用也给现代生活带来了危机。科学现代性尚处在发展的过程之中，是一项未完成的事业，在总结和反思科学现代性的基础上，我认为科学现代性的未来图景朝向三个方面发展：开放的理性、实践的科学、走向澄明和自由之境。

一、科学现代性的未来图景

科学现代性的未来，是一幅"在途中"的风景，"他只是自然地、宽容地看待事物、标准和争端，因为他知道任何观点都只能在历史视界之内。因而，任何标准都不可能具有先验绝对性，任何结论都不可能一劳永逸地获得。"①

（一）走向开放的理性

科学理性的失衡，在很大程度上是由于人们对理性的狭隘认识所造成的：对理性坚持和追寻，对非理性则是批判和打击。科学现代性中的理性主义将自己标榜为至高无上的，力求排除掉一切非理性的因素，"如此被抛弃掉的有：认识的主体/对象的关系问题；无序性、偶然性；独特性、个体性；自主的存在物和存在活动；不可理性化的残余物"②，等等。然而科学现代性发展到今天，非理性因素的存在日益让人无法忽视，因此以往那种绝对理性化的认识方式是狭隘且不完善的。莫兰认为："理性观念的现代危机，从实质上说是对理性内部的非理性因素的探查和揭示。"③ 费耶阿本德也指出："我认为不存在什么客观的理由能使人们宁愿选择科学与西方理性主义，而不选择别的传统，事实上，很难设想类似的理由会是什

① 江怡. 维特根斯坦：一种后哲学的文化［M］. 北京：社会科学文献出版社，2002：导论.

② 莫兰. 复杂思想：自觉的科学［M］. 陈一壮，译. 北京：北京大学出版社，2001：129.

③ 莫兰. 复杂思想：自觉的科学［M］. 陈一壮，译. 北京：北京大学出版社，2001：122.

么。"① 因此，科学现代性危机的解除需要发展一种新的开放的理性。

所谓开放的理性，就是在科学批判中要摆正与非理性的关系。"开放的理性不是压抑非理性，而是与非理性对话。开放的理性能够和应该承认与理性无关的事物。"② 从被批判者的角度来说，开放的理性要求尊重和接受批评者的意见和建议，只有这样科学才能在批判的过程中朝着正确的方向发展；从批判者的角度来说，科学批判必须是一种负责任的批判，需要有根据，不能是简单的拒绝或否定，只有这样，科学问题才会在提问中得以生成，科学理论也才会在批判中得以修正。

开放的理性承认科学内部理性和非理性之间的对话，一方面坚持科学的可靠性，另一方面又称为科学的文化性。那么开放的理性如何实现呢？首先对科学真理的追求保持一种形而上学的沉思。基于哲学的、历史的以及社会学视角对科学进行形而上学的思考，可以实现对科学现象的超越及对科学本真的把握，从而为科学真理的获得提供一个可能的框架。"这样一种沉思既不是对所有人来说都是必然的，也不是每个人都能完成或者哪怕只是承受的。相反，无沉思状态乃普遍地属于行动和推动活动的某些特定阶段。但沉思之追问决不会沦于无根据和无疑问之境，因为这种追问先行追问着存在。对沉思而言，存在始终是最值得追问的东西。……对现在之本质的沉思把思想和决断设置入这个时代的本真的本质力量的作用范围

---

① 费耶阿本德. 告别理性 [M]. 陈健，等译. 南京：江苏人民出版社，2002：336.
② 莫兰. 复杂思想：自觉的科学 [M]. 陈一壮，译. 北京：北京大学出版社，2001：129.

内。"① "如果一门科学要成为真正的知识，这种对这些假定的形而上学阐明是必须的。能说明、描述和控制某种现象是非常重要的；但应用方法并不必然导致真正地理解。科学研究和形而上学的阐明在一个更基本的层次上联结在一起。两者都是以一种对意义总体的明确阐释和真理本质的确定概念为基础的。"② 其次要摆脱二元对立的思维模式。"传统的科学认识论正是建立在主体—客体相互对待的关系基础之上的，其方向可以概括为由现象到本质、由个别到普遍、由差异到同一、由变化到永恒、由具体到抽象、由形而下到形而上，最终是以形而上的、永恒的、抽象的本质或普遍性、统一性为根底，或者说得简单一点，是以'常在'为基底。"③ 二元对立的思维模式，无论是唯理论和经验论，还是科学认识论和反科学认识论，都不能很好地解决科学的客观有效性问题。只有将对立的思维模式重新拧成一股合力，才能更加接近事物的本真状态，实现科学发展的新纪元。最后要实现科学与人文的融通。开放的理性要求超越科学与人文的对立，正确对待那些被认为是非科学的文化因素，以文化的多元性成就科学的健康发展。科学与人文的融通也必然带来全新的科学现代性图景，"自然科学一直在朝着一个新的方向转变，它日益地将宇宙看成是不稳定的、不可预测的……与此同时，社会科学也在朝着一个新的方向转变，日益地表现出对自然的尊重。"④

---

① 孙周兴. 海德格尔选集下卷 [M]. 上海：上海三联书店，1996：906.
② 张汝伦. 思考与批判 [M]. 上海：上海三联书店，1999：367.
③ 周丽昀. 当代西方科学观比较研究：实在、建构和实践 [M]. 上海：上海社会科学院出版社，2007：256.
④ 华勒斯坦. 开放社会科学 [M]. 北京：生活·读书·新知三联书店，1997：84.

（二）走向实践的科学

马克思提出："哲学家们只是用不同的方式解释世界，而问题在于改变世界。"① 在科学领域，20 世纪 90 年代以后出现了由作为知识的科学向作为实践的科学的转变，实践的科学要求科学接受来自哲学、社会学、历史学等方面的研究。其中，哈金认为实践的科学就要让科学接受文化因素的调整；皮克林"实践的碰撞"及拉图尔的"实验室生活"，均将科学的发展导向"行动中的科学"，即实践的科学。这是科学现代性发展的方向。"科学知识不是由物质世界给予的，而是通过在科学家与其工具之间的社会互动生产和建构起来的，这种互动以概念工具为中介，后者是为了建构和解释实验结果而创造出来的。由这种注意得出的结果是一种对'积极活动中的科学'的更具科学性的描述，这种描述能更好地消除科学家意识中的神秘色彩。"②

新的实践的科学与之前作为表象的科学截然不同，它能解决表象主义科学观的困境，如不能正确地描述现实世界；它将科学视为正在行动的东西，摆脱了纯粹思辨的束缚，因而有着更为广阔的视角。新的实践的科学观的特征如下：首先，具有与境性，用来指代科学的当地性、情境性和偶然性，以及科学作为社会实践活动的一部分而产生的与社会和文化因素的密不可分的关系。因为"所有的科学知识，都受到不能被彻底冲洗掉的未经雕琢的生活世界的杂质的影响"③，因此需要将科学放入具体的生活情境中来考察，而不是

① 马克思恩格斯选集：第 1 卷［M］. 北京：人民出版社，1995：58.
② 罗斯. 科学大战［M］. 夏侯炳，等译. 南昌：江西教育出版社，2002：16.
③ 周丽昀. 当代西方科学观比较研究：实在、建构和实践［M］. 上海：上海社会科学院出版社，2007：286.

抽象地来看待。格里芬的"科学魅力的再现"，也正是基于后现代的有机论而提出科学应该关注活生生的世界。其次，具有互为主体性（主体间性）。科学作为一种实践，既有着不依赖于人的客观性，同时又依赖于人与人、人与物的关系。"主体间性既是客观性的条件，又是客观性的基础。没有主体间性就不可能有客观性。……当主体间性成为科学理论的一个因素，当科学理论与科学事实成为一个自洽的系统时，主体间性就获得其客观性，从这一意义上讲，主体间性就是一种客观性。"[①] 最后，具有反思性。实践的科学不仅要求其他学科对科学进行反思，而且要求科学自身进行反思。莫兰提出"自觉的科学"，认为"对科学认识的认识必然包含着一个反思的方面。这个反思的方面不必再诉诸哲学……它应该来自科学世界的内部"[②]。"科学是在历史进程中获得并被规定，并通过这种获得和规定来反思自身"[③]，科学的进步，就受益于此。

（三）走向澄明自由之境

海德格尔对存在的解蔽以及本源性自由的获得，是澄明之境的表现。张世英先生也对此提出过见解，认为澄明之境是"一个本体论范畴，是万事万物的聚集点。……任何事物包括人的思在内，都源于这个澄明之境，都以它为前提。它是'无'，却又是万有之源；它超越了存在，却又不在存在以外"[④]。二者都主张用"诗意的想

① 吴国林. 主体间性与客观性 [J]. 科学技术与辩证法，2001（6）：4-7.
② 莫兰. 复杂思想：自觉的科学 [M]. 陈一壮，译. 北京：北京大学出版社，2001：91.
③ 赵建军，曹欢荣. 历史的逻辑理性 [J]. 自然辩证法研究，2003（12）：15-19.
④ 张世英. 进入澄明之境——哲学的新方向 [M]. 北京：商务印书馆，1999：140-141.

象"来达到这种澄明之境。本书认为，在科学领域实现澄明之境，要向着生活和自由两个方向发展。

现代西方哲学在涉及科学的观点中，都表达了向生活世界回归的观点。胡塞尔认为科学世界以生活世界为基础，而科学世界向生活世界的回归是寻找科学世界之意义的基础，"通过一种摆脱生活朴素性的反思正确地返回到生活的朴素性，这是克服存在于传统的客观主义哲学之'科学性'中的哲学的朴素性之唯一可能的道路"①；维特根斯坦在后期提出生活世界理论，将一切问题归于从生活中寻找存在的意义；海德格尔认为技术将原本属于人的世界变成了图像化的客体，而只有"诗意的栖居"及回归才是解决问题的出路；哈贝马斯的交互主体，将胡塞尔和海德格尔的生活世界理论又向前推进了一步，表明了回归生活世界在当今已经成为一种普遍的趋向，也是达到澄明之境的必经之路。

科学作为一项永远是未完成状态的事业，既需要在实践中保持沉静之思，也需要摆脱各种预设的枷锁；既欢迎各种文化因素的对话，又需要保持自由开放的视野；既追求实在，又不拘泥于实在本身，从而达到一种自由之境。科学的自由意味着"有尽可能多的道路可以开拓，科学亦可以最为迅速地遍及所有的方向；而那些隐而不彰的知识，除去其发现者而外所有人都未曾想到的知识，科学进步真正倚赖的新知识——便是这种科学的去向"②。科学的自由表现为科学共同体在独立研究中的探讨、协调、批判、完善的自由，如

---

① 胡塞尔. 欧洲科学的危机和超验论的现象学 [M]. 王炳文，译. 北京：商务印书馆，2001：75.
② 博兰尼. 自由的逻辑 [M]. 冯银江，等译. 长春：吉林人民出版社，2002：98.

怀特海所言："自由就意味着：在不损害整个社会统一目标的前提下，在每类人之内实现必要的协调是可能的。而且这些统一目标的其中之一便是：这些多方协调起来的、各个类型的人组成的群体，应该对总得社会的复杂模式做出贡献，各自贡献自己的特色。这样一来，个性从协调中获得了效力，而自由则获得了完善自身的力量。"①

综上所述，科学现代性的世界图景已经展现，"科学在任何时候都忙于修改人们所持有的世界图式，在它看来这种图式永远只是暂时性的。"② 因而针对科学现代性所面临的挑战与危机，我们要重新摆正理性和科学的定位，力求将危机从未来的世界图景中抹去。面对科学"在途中"的特征，我们只有像海德格尔思考的那样，做一个"异乡人"，既参与其中又置身其外，让科学既自省又接受文化因素的整合与批判，才能保证科学事业的健康发展，以描绘一幅绚丽的未来图景。

二、对中国科学现代化的启示

现代科学是西方文化的产儿，科学现代性在经历了文艺复兴的战斗洗礼之后迅速成长起来。以西方科学现代性的发展历程为蓝本，可以得出的结论是：西方文化为科学现代性的诞生提供了适宜的土壤和养料，而非西方国家（譬如中国）之所以无法成为现代科学的诞生地，在某些条件上是存在欠缺的。本书以作为中国近代科学的最初发端的洋务运动为例，比较中西方科学发展的不同之处，力求

---

① 怀特海. 观念的冒险［M］. 周邦宪, 译. 贵阳：贵州人民出版社, 2000：80.

② 哈耶克. 科学的反革命［M］. 冯克利, 译. 南京：译林出版社, 2003：16.

为中国科学现代化的发展找到症结与出路。

（一）改良科学习惯

纵观整个科学现代性的起源与演进，中西方科学的发展有着不同的科学习惯，我们需要做的正是从这种科学习惯的对比中来寻找我们的有待改善之处。

中国古代科学存在以下科学习惯：首先，满足于对自然现象进行客观描述。中国古人一般认为天道渊微，不是人类可以窥测的，只能"言其然"，而不追求"其所以然"。其次，中国古代的许多知识，属于经验范畴的感性认识，因而达不到科学的标准；中国科学对事物和现象，喜欢从整体上去把握，存在着直觉性、意会性和模糊性的特征。古代人习惯用直觉和意会的方式来认识问题，因而中国科学的发展模糊性十足，既找不到明确的科学概念，也没有经过判断和推理的精确的理论认识。

以上对中西方科学特点的分析，是从中西方各自古代的文化情境中总结出来的，因此周有光先生提出的中国传统文化的三强三弱异曲同工，"世俗性强、宗教性弱；兼容性强、排他性弱；保守性强、进取性弱。"① 以上可以说从某些方面回答了著名的李约瑟之问：近代科学没有在中国诞生或者近代科学在西方诞生的原因，就在于西方社会为近代科学的诞生提供了最适宜的土壤和养料；中国的科学虽然今天在世界范围内奋起直追，但是要想真正地在现代科学时期赶上或者超越西方国家，就必须真正地从科学习惯上来弥补这些不足。

---

① 周有光. 现代文化的冲击波［M］. 北京：生活·读书·新知三联书店，2000：2.

（二）摆脱科学实用观的束缚

中国自古以来偏重科学的实用价值，对无实用价值的科学问题不感兴趣，因此除了对自然现象进行客观描述之外，并不追求深入研究以产生出纯学术性的科学理论。在19世纪之前，中国以大国自居，对西方的科学是不屑一顾的，直到洋务运动才开始学习西方的科学技术，因此本书以作为中国近代科学之启蒙的洋务运动为例，阐明中国在引进西方近代科学之处就具有明显的实用主义特征。彼时科学研究的表层化、功利化、工匠化、断层化特征与文艺复兴时期科学文化的全面繁荣形成鲜明对比。这也是近代科学不能在中国生根萌芽的重要原因。

首先，科学研究表层化。洋务派以引进西方技术为主，忽视了对科学理论的研究以及对思辨哲学观念的培养；关于西方科学技术的译著也以工业制造居多，纯理论的自然科学极少；虽然组织科技人员翻译了一些西方自然科学知识，开设算学馆等，但是且格致、算学均为制器而设，作用极小，无法改变洋务派对科学的认识仍然游离于科学表层的现实。按照奎因的科学整体论思想，洋务派将绝大部分精力引进的实用技术，正是包裹科学内核的表层。其次，科学目的功利化。在引进西方先进科学技术的过程中，洋务派体现出了强烈的功利主义科学观，强调科学的工具性，重视技术，忽视科学。从目的来看，洋务运动的兴起是为了解决内忧外患的处境，而只有强大的西方实用科学技术能改善中国的局势，因此洋务派对西学有选择性地引进，重点是实用性科学技术；从实践来看，洋务派无论是采西学还是办新学，均表现了重技术轻科学的特征。其三，科技人员工匠化。在中国古语中，在某一方面造诣高深，技术熟练，却缺乏独到之处者，被称为"匠"，如李善兰、徐寿、华蘅芳等著名学者，介绍西方科学技术知识，为这一时期科学技术的发展做出了贡献，但是所译之书，局限于科学技术方面，而且只涉及有限的几个学科。虽然他们前期在通往真正的哲学的道路上取得了很大进展，马上就要触碰科学的核心，然而后期科学研究的局限性却使得他们偏离了这个核心，又走向了科学的边缘，因此只能说他们是科技人员，以技术知识见长，而不是自然科学家。此外早期选派的留学生作为洋务运动的生力军，多为工程师，致力于实用技术领域，如詹天佑、吴仰曾等，回国后在中国的铁路建设、矿冶、海军建设、电报等诸多领域做出了贡献，因此说洋务运动培养出来的科技人才仍是以"匠"为特色。最后，科学研究断层化。洋务派虽然大力发展科学技术，但是并没有给科研活动的进行提供一个良好的社会环境。科技工作者仅在各自的狭小领域中做出了一些成就，没有形成科学共同体，因而其科学研究工作是零散与孤立的。再者，西方自然科学在知识分子中的影响面小，懂洋务的人毕竟是少数，仅靠开明的封建士大夫和开眼看世界的知识分子难以推动封建社会的车轮，因而造成洋务派实用型人才的缺乏。以上原因导致缺乏科学的三个有机构成部分之间的互动，对科学的认识存在断层。

　　洋务运动的完成，使得"中国人始终把西方的科学和技术看作是'制夷'和'自强'的手段或途径，改革开放以来这种思想又得到了进一步发展。当然，西方的科学技术确实可以'制夷'，可以'自强'，但是西方科学首先是一种文化，一种价值观，一种思想体系，技术作为其实用价值的体现，只是它的功能之一"[①]。洋务运动

---

　　①　钱兆华. 科学哲学新论［M］. 南京：江苏大学出版社，2011：235.

的失败让我们认识到，仅仅看到科学的实用价值，将其作为促进生产力发展的工具，无法催生近代科学之花的萌芽。

（三）进行科学创新

中国在目前面临的一个亟待解决的问题，是科学技术创新能力的不足。科学技术创新包括科学创新和技术创新两个方面，比较而言，科学创新占据更为重要的地位，这是由科学和技术的关系所决定的。科学的突破和科学知识的创造，是技术创新的前提和基础。

中国科学创新能力不足的原因具体表现在以下几个方面：

首先，科学工作者哲学素养的缺乏。哲学是时代精神的精华，一种纯粹的科学需要一种纯粹的哲学。从西方科学的起源来看，哲学是科学产生的土壤，一方面为科学提供形而上学的基础，另一方面为科学提供方法论基础。中国的科学工作者多为理工科出身，由于大学对理工科哲学教育的忽视，造成了科学工作者哲学素养的匮乏或者单一化，仅是稍微了解马克思主义哲学，对于孕育了现代科学的西方哲学极为陌生，因而只能在已有的科学范式内进行"解疑"或者"模仿"的工作。其次，中国科学工作者普遍缺乏对科学的怀疑和批判精神。怀疑批判精神在古希腊时代就已形成，对科学理论的发展具有举足轻重的作用，如果没有这种精神，只能在已有的科学范式内进行"解难题"的工作，创新能力就无从谈起。然而在中国，崇尚古人与传统似乎是个不成文的规矩，"信而好古，述而不作"，缺乏怀疑、批判精神，导致科学创新能力的不足。

科学创新能力的不足需要在科学工作者身上找原因，也需要在科学工作者身上下功夫予以解决。首先极为迫切的是提升科学工作者的哲学素养。科学、哲学与文化三位一体，只有了解了西方科学的本质、起源、发展历程等问题，才能从根本上认识到科学的本质问题。其次，从学生开始注重培养他们的怀疑批判精神，让不同的理论、观点相互质疑和批判。最后，营造自由的科学研究氛围，淡化政府在科学研究中的调控和干涉，为新思想的产生提供宽松自由的学术氛围。最后，政府改变课题的资助方式，侧重基础科学研究，从而改变人们为了功利目的过多地从事技术应用课题的研究，改变基础科学成为无人问津的冷衙门的现象。

后　记

　　现代性的家族极为庞大，现代社会的方方面面无一不被打上了现代性的烙印。但就现代思想而言，正是科学描绘了最现实和最可靠的世界图景，也正是科学成为现代性的根本现象。

　　现代性是多维度的，其中每一个维度都可以建构出一种具体的现代性。科学现代性的建构，是基于发生学的角度来考察现代性的科学维度。它与现代性科学的发展一体两面，具有同源同构性，因而在起源上呈现出一致的景象：都从古希腊和希伯来传统那里吸取营养，借助文艺复兴的照耀而萌发。以科学为根本现象的科学现代性，是基于文艺复兴以来的一系列伟大人物的科学工作和科学精神而建构起来的，经历了开启、发展、成熟和转折四个阶段，直至后现代科学的出现。在科学现代性的历史建构过程中，理性化和世俗化作为最核心的两个特征，贯穿于科学现代性之世界图景的描绘，既展示了现代社会的进步性，也展示了现代社会的病态性。但是，即便这种图景体现了僵化的一面，即便后现代的冲击使其遍体鳞伤，但是都不能使科学现代性真正地退下历史舞台。科学现代性仍具有顽强的生命力，是一项处于反思过程中的、有待于重写和完善的事业。

走出中世纪，科学迎来了现代的曙光；而后现代的冲击，使科学现代性成为热点。纵观整个科学现代性的历史脉络，有两点发人深思。一是，科学现代性呈现的种种张力和冲突，在某种程度上都可以认为是人们无限放大科学的权威所导致的。科学成为各行各业的权威和标准，这种思想蔓延至社会生活的方方面面。没有了对科学目的的反省，没有了对科学方法的质问，没有了对科学答案可靠性的反思，科学之所以为科学的核心便被我们丢弃了。二是，科学以排除神话的或者宗教的世界图景为目标，然而科学的世界图景既为人类带来了福祉，又带来了危机。事实证明，科学理性并不是在人类社会的每一个领域"放之而皆准"，因而在发挥威力之后陷入了困境。因而，反思科学与人文的关系，成为巩固这种新的世界图景的必然选择。

对于科学现代性的研究也将是一项未竟的事业，有着继续研究的契机和必要。本文对于科学现代性的研究还处于初涉这个新鲜的领域，因而有着诸多不成熟和浅薄之处，有待于在今后的学习工作中进一步完善。

（1）科学现代性是一个庞大的概念，不仅表现为它涉及时间范围之广，而且表现为涉及事物之多。本文对科学现代性的历史背景及其发展历程的概括和总结，由于受到知识掌握上的局限，难免有疏漏和不当之处。因而对于科学现代性得以孕育的前提条件，以及发展过程中的表现形态，有待于在今后的学习中逐步补足和完善。

（2）现代社会是一个现代性和后现代性相互交融的社会。随着人们对科学现代性的反思及后现代冲击的加剧，科学现代性可能面临新的境遇。因而对科学现代性的图景的描绘有待在发展中进一步完善。与此同时，对于科学现代性的反思及走出困境的应对也应随之调整。

（3）科学现代性是以其在西方的发展为蓝本而描绘的。将目光放到中国，研究中国自洋务运动以来的科学现代性的发展，也是一项新鲜而有意义的工作。只有深入中国的科学现代化进程，才能发现中西科学发展的差异，才能在比较中为中国科学现代化的发展找到切实可行的出路。

参考文献

中文著作：

［1］陈方正. 继承与叛逆：现代科学为何出现于西方［M］. 北京：生活·读书·新知三联书店，2009.

［2］陈嘉明. 现代性与后现代性十五讲［M］. 北京：北京大学出版社，2006.

［3］陈嘉明. 现代性与后现代性［M］. 北京：人民出版社，2001.

［4］韩彩英. 西方科学精神的文化历史源流［M］. 北京：科学出版社，2012.

［5］贺照田. 西方现代性的曲折和展开［M］. 长春：吉林人民出版社，2002.

［6］洪晓楠. 当代西方社会思潮及其影响［M］. 北京：人民出版社，2009.

［7］洪晓楠. 科学文化哲学研究［M］. 上海：上海文化出版

社，2005.

　　[8] 贾向桐. 现代性与自然科学的理性逻辑 [M]. 北京：人民出版社，2011.

　　[9] 蒋百里. 欧洲文艺复兴史 [M]. 北京：东方出版社，2007.

　　[10] 李醒民. 科学的文化意蕴——科学文化讲座 [M]. 北京：高等教育出版社，2007.

　　[11] 李醒民. 科学的革命 [M]. 北京：中国青年出版社，1989.

　　[12] 李醒民. 科学论：科学的三维世界 [M]. 北京：中国人民大学出版社，2010.

　　[13] 李醒民. 科学的精神与价值 [M]. 石家庄：河北教育出版社，2001.

　　[14] 林德宏. 科学思想史 [M]. 南京：江苏科学技术出版社，2004.

　　[15] 刘大椿. 现代科技导论 [M]. 北京：中国人民大学出版社，1988.

　　[16] 刘睿铭. 科学的历程 [M]. 南昌：江西高校出版社，2009.

　　[17] 刘小枫. 现代性社会理论绪论——现代性与现代中国 [M]. 上海：上海三联书店，1998.

　　[18] 刘珺珺. 科学社会学 [M]. 上海：上海人民出版社，1990.

　　[19] 苗力田. 古希腊哲学 [M]. 北京：中国人民大学出版社，1989.

　　[20] 庞晓光. 科学与价值关系的历史演变 [M]. 北京：中国社会科学出版社，2011.

［21］钱兆华. 科学哲学新论［M］. 南京：江苏大学出版社，2011.

［22］史忠义. 现代性的辉煌与危机：走向新现代性［M］. 北京：社会科学文献出版社，2012.

［23］吴国盛. 科学的历程［M］. 2 版. 北京：北京大学出版社，2002.

［24］炎冰. 祛魅与返魅——科学现代性的历史建构及后现代转向［M］. 北京：社会科学文献出版社，2009.

［25］衣俊卿. 现代性的维度［M］. 哈尔滨：黑龙江大学出版社，2011.

［26］张凤阳. 现代性的谱系［M］. 南京：南京大学出版社，2004.

［27］张书琛. 西方价值哲学思想史［M］. 北京：当代中国出版社，1998.

［28］张世英. 进入澄明之境——哲学的新方向［M］. 北京：商务印书馆，1999.

［29］周昌忠. 西方科学方法论史［M］. 上海：上海人民出版社，1986.

［30］周宪. 现代性研究译丛［M］. 北京：商务印书馆，2007.

［31］周宪. 文化现代性精粹读本［M］. 北京：中国人民大学出版社，2006.

［32］周丽昀. 当代西方科学观比较研究：实在、建构和实践［M］. 上海：上海社会科学院出版社，2007.

［33］周有光. 现代文化的冲击波 ［M］. 北京：生活·读书·新知三联书店，2000.

［34］朱龙华. 意大利文艺复兴的起源与模式 ［M］. 北京：人民出版社，2004.

译著：

［1］赫勒. 现代性理论 ［M］. 李瑞华，译. 北京：商务印书馆，2005.

［2］策勒尔. 古希腊哲学史纲 ［M］. 翁绍军，译. 上海：上海人民出版社，2007.

［3］格兰特. 近代科学在中世纪的基础 ［M］. 张卜天，译. 长沙：湖南科学技术出版社，2010.

［4］伯特. 近代物理学的形而上学基础 ［M］. 徐向东，译. 北京：北京大学出版社，2003.

［5］莫兰. 复杂思想：自觉的科学 ［M］. 陈一壮，译. 北京：北京大学出版社，2001.

［6］罗斯. 科学大战 ［M］. 夏侯炳，等译. 南昌：江西教育出版社，2002.

［7］奥斯本. 时间的政治——现代性与先锋 ［M］. 王志宏，译. 商务印书馆，2004.

［8］巴伯. 科学与社会秩序 ［M］. 顾昕，等译. 北京：生活·读书·新知三联书店，1991.

［9］巴特菲尔德. 近代科学的起源 ［M］. 张丽萍，等译. 北京：

华夏出版社，1988.

[10] 巴恩斯. 局外人看科学 [M]. 鲁旭东，译. 上海：东方出版社，2001.

[11] 贝尔纳. 科学的社会功能 [M]. 陈体芳，译. 北京：商务印书馆，1982.

[12] 哈伊. 意大利文艺复兴的历史背景 [M]. 李玉成，译. 上海：上海三联书店，1992.

[13] 格里芬. 后现代科学——科学魅力的再现 [M]. 马季方，译. 北京：中央编译出版社，1995.

[14] 丹皮尔. 科学史及其与哲学和宗教的关系 [M]. 李珩，等译. 桂林：广西师范大学出版社，2001.

[15] 德兰蒂. 现代性与后现代性：知识、权力与自我 [M]. 李瑞华，译. 北京：商务印书馆，2012.

[16] 哈贝马斯. 后形而上学思想 [M]. 曹卫东，等译. 南京：译林出版社，2001.

[17] 哈斯金斯. 12 世纪文艺复兴 [M]. 夏继果，译. 上海：上海人民出版社，2005.

[18] 哈耶克. 科学的反革命 [M]. 冯克利，译. 南京：译林出版社，2003.

[19] 亨利. 科学革命与现代科学的起源 [M]. 杨俊杰，译. 北京：北京大学出版社，2013.

[20] 胡塞尔. 欧洲科学危机和超验现象学 [M]. 张庆熊，译. 上海：上海译文出版社，1988.

［21］吉登斯. 现代性——吉登斯访谈录［M］. 尹宏毅，译. 北京：新华出版社，2001.

［22］卡西尔. 启蒙哲学［M］. 顾伟铭，等译. 济南：山东人民出版社，2007.

［23］巴什拉. 科学精神的形成［M］. 钱培鑫，译. 南京：江苏教育出版社，2006.

［24］李克特. 科学是一种文化过程［M］. 顾昕，等译. 北京：生活·读书·新知三联书店，1989.

［25］罗素. 西方哲学史［M］. 何兆武，等译. 北京：商务印书馆，1963.

［26］卡林内斯库. 现代性的五副面孔［M］. 顾爱彬，李瑞华，译. 北京：商务印书馆，2002.

［27］梅尔茨. 十九世纪欧洲思想史（第一卷）［M］. 周昌忠，译. 北京：商务印书馆，1999.

［28］默顿. 十七世纪英国的科学、技术与社会［M］. 范岱年，等译. 成都：四川人民出版社，1986.

［29］萨顿. 科学的生命［M］. 刘珺珺，译. 北京：商务印书馆，1987.

［30］斯特龙伯格. 西方现代思想史［M］. 刘北成，等译. 北京：金城出版社，2012.

［31］塔纳斯. 西方思想史［M］. 吴象婴，等译. 上海：上海社会科学院出版社，2011.

［32］汉金斯. 科学与启蒙运动［M］. 任定成，等译. 上海：复

旦大学出版社，2000.

[33] 瓦托夫斯基. 科学思想的概念基础——科学哲学导论 [M]. 范岱年，等译. 北京：求实出版社，1989.

[34] 文德尔班. 古代哲学史 [M]. 詹文杰，译. 上海：上海三联书店，2009.

[35] 沃尔夫. 十六、十七世纪的科学、技术和哲学史 [M]. 周昌忠，译. 北京：商务印书馆，1985.

[36] 洛西. 科学哲学历史导论 [M]. 邱仁宗，等译. 武汉：华中工学院出版社，1982.

[37] 詹姆逊. 单一的现代性 [M]. 王逢振，王丽亚，译. 天津：天津人民出版社，2004.

期刊：

[1] 陈爱华. 试论马尔库塞科技伦理观的内涵与价值 [J]. 东南大学学报（哲学社会科学版），2000（3）.

[2] 董慧. 怀特海对现代科学的反思及其启示 [J]. 自然辩证法研究，2009（6）.

[3] 郝苑，孟建伟. 论后现代科学观 [J]. 教学与研究，2011（2）.

[4] 金观涛. 科学与现代性——再论自然哲学和科学的观念 [J]. 科学文化评论，2009（5）.

[5] 卡里内斯库. 两种现代性 [J]. 南京大学学报，1999（3）.

[6] 李醒民. 科学家及其角色特点 [J]. 山东科技大学学报

（社会科学版），2009（6）.

[7] 李侠、邢润川. 论科学主义的起源与两个案例的研究 [J].
自然辩证法通讯，2003（4）.

[8] 马姆丘尔，费多托瓦. 科技革命条件下科学与价值的相互
关系 [J]. 自然科学哲学问题，1988（1）.

[9] 王南湜. 近代科学世界与主客体辩证法的兴起 [J]. 社会
科学战线，2006（6）.

[10] 吴国林. 主体间性与客观性 [J]. 科学技术与辩证法，
2001（6）.

[11] 炎冰. "现代性科学"与"后现代科学"之概念勘元
[J]. 自然辩证法通讯，2006（2）.

[12] 炎冰. 论古希腊的科学传统 [J]. 云南社会科学，1995
（4）.

[13] 炎冰，严明. "后现代"之概念谱系考辨 [J]. 天津社会
科学，2005（1）.

[14] 杨渝玲. 文艺复兴：近代科学产生的艺术背景 [J]. 自然
辩证法通讯，2009（4）.

[15] 衣俊卿. 现代性的维度及其当代命运 [J]. 中国社会科
学，2004（4）.

[16] 张谨. 时代逻辑与哲学逻辑——后现代科学观的文化转向
[J]. 理论月刊，2010（1）.

[17] 张永青，李允华. 浅析工具理性和价值理性的分野和整合
[J]. 东南大学学报（哲学社会科学版），2008（12）.

［18］张志顺，王鹤岩：文化哲学视域下科学与人文的整合［J］.学术交流，2012（4）.

［19］赵福生.现代性的三重维度及其在中国的生成［J］.求是学刊，2009（1）.

［20］赵建军，曹欢荣.历史的逻辑理性［J］.自然辩证法研究，2003（12）.

［21］郑晓松.科学哲学的文化研究转向［J］.科学技术与辩证法，2005（12）.

［22］周兰珍.科技理性与价值理性关系探析［J］.江苏社会科学，2007（6）.

［23］朱耀平.现代科学的本质、基础和危机［J］.科学技术与辩证法，2003（2）.

英文文献：

［1］GIDDENS A. The Consequences of Modernity［M］. California：Stanford University Press，1990.

［2］PROCTOR R. Value-free Science? Purity and Power in Modern Knowledge［M］. Cambridge：Harvard University Press，1991.

［3］HUFF E. The Rise of Early Modern Science：Islam，China，and the West［M］. Cambridge：Cambridge University Press，1993.

［4］EAMON W. Science and the Secrets of Nature：Books of Secrets in Medieval and Early Modern Culture，Princeton：Princeton University Press，1994.

［5］ COHEN H. The Scientific Revolution: A Historiographical Inquiry ［M］. Chicago : The University of Chicago Press, 1994.

［6］ CHARLES B. Studies in Renaissance Philosophy and Science ［M］. London: Variorum Reprints, 1981.

［7］ TAMBIAH S. Magic, Science, Religion, and the Scope of Rationality ［M］. London and New York: Cambridge University Press, 1990.

［8］ EVERETT W. Modern Science and Human Values—A Study in the History of Ideas ［M］. New York: D. Van Nostrand Company, 1956.

谢　辞

　　本书是在博士学位论文的基础上修改完成。值此付梓出版之际，向我的导师洪晓楠教授表示衷心的感谢！感谢老师给予的谆谆教诲与殷殷关切！并向所有帮助过我的同学、同事以及支持我的家人表示感谢！